降雨和地震作用下
尾矿坝稳定性分析

Stability Analysis of Tailings Dam
under Rainfall and Earthquake

陈宇龙　张　村　王　昆　敬小非　著

北　京

冶金工业出版社

2022

内 容 提 要

本书主要利用数值软件 ABAQUS 建立三维模型，对云南省楚雄州大姚县鱼祖乍尾矿坝的稳定性进行分析，包括对降雨入渗（流固耦合）条件下不同坝高的尾矿坝渗流场的分析，以及对两种坝高下的坝体地震响应进行分析，以获得尾矿坝的地震响应特性。

本书可供从事尾矿及尾矿库工程研究、矿山设计的科研人员阅读和高等院校相关专业的师生参考，也可作为广大岩土工程现场技术人员参考书。

图书在版编目（CIP）数据

降雨和地震作用下尾矿坝稳定性分析/陈宇龙等著 . —北京：冶金工业出版社，2022.4

ISBN 978-7-5024-9060-7

Ⅰ.①降…　Ⅱ.①陈…　Ⅲ.①降雨—作用—尾矿坝—稳定性—研究②地震—作用—尾矿坝—稳定性—研究　Ⅳ.①TV649

中国版本图书馆 CIP 数据核字（2022）第 026512 号

降雨和地震作用下尾矿坝稳定性分析

出版发行	冶金工业出版社	**电　话**	（010）64027926
地　　址	北京市东城区嵩祝院北巷 39 号	**邮　编**	100009
网　　址	www.mip1953.com	**电子信箱**	service@ mip1953.com

责任编辑　王　双　美术编辑　彭子赫　版式设计　禹　蕊
责任校对　范天娇　责任印制　禹　蕊
北京虎彩文化传播有限公司印刷
2022 年 4 月第 1 版，2022 年 4 月第 1 次印刷
710mm×1000mm　1/16；9.75 印张；189 千字；146 页

定价 66.00 元

投稿电话　（010）64027932　投稿信箱　tougao@cnmip.com.cn
营销中心电话　（010）64044283
冶金工业出版社天猫旗舰店　yjgycbs.tmall.com
（本书如有印装质量问题，本社营销中心负责退换）

前　言

我国是世界上矿产资源需求量和开采量最大的国家之一。目前我国 95% 的能源和 80% 的原材料依赖于矿产资源。在矿业开发活动中，人们获得了有价值的矿产品，但同时也排弃了大量的尾矿渣，从而导致大量尾矿库的出现。

由于我国对矿产资源需求日趋旺盛，矿业发展突飞猛进，越来越多矿山的尾矿库提前达到尾矿坝的原设计高度，矿山面临新建尾矿库或在原尾矿库基础加高扩容的问题。另外，在地震等自然灾害因素影响下，尾矿库排水系统和结构物出现安全隐患甚至发生局部破坏，导致尾矿堆积坝体浸润线过高甚至从坝坡面溢出，使坝坡面局部地方出现坍塌、管涌等不良现象，最终尾矿库成为危库、险库、病库。如果对这些安全隐患不及时跟进治理，尾矿库处于带病运行状态，不仅会影响企业自身的生产，还会给库区下游人民的生命财产带来灾难。为此，尾矿堆积坝的稳定性问题一直备受相关政府部门和工程技术人员的关注。

尾矿堆积坝是尾矿库的主要构筑物，针对尾矿堆积坝的稳定性进行分析研究，不仅在尾矿库工程设计阶段非常必要，而且在尾矿库的生产运营阶段也非常重要。本书对尾矿库运营阶段的稳定性进行全面的研究与分析，以便综合评价尾矿库的安全状态，对出现的问题采取有效的、科学的治理措施，使尾矿库的运行始终处于安全状态，以达到建立平安和谐矿山的目的。

本书讨论的对象为云南省楚雄州大姚县的鱼祖乍尾矿库，该尾矿库建于 1976 年。由于受当地地震的影响，尾矿坝坡面出现渗漏，已经初步鉴定为病库类；由于矿产资源枯竭，为了满足矿山最后几年生产的需要，矿山计划在原设计的坝高基础上，进行加高扩容，以解决尾矿堆存问题。所以，为了对该尾矿库的安全隐患进行有效治理，以及满足加高扩容设计的需要，必须对该尾矿库尾矿堆积坝的稳定性进行计算分析与研究。

本书可为设计部门进行加高扩容和矿山企业在尾矿库安全生产管理所借鉴，为建立平安和谐矿山服务。

本书涉及的研究内容得到了国家自然科学基金（项目号：52009131、52104155 和 51974051）和北京市自然科学基金（项目号：8204068 和 8212032）的资助，在此深表感谢。

由于作者水平有限，书中不足之处，恳请各位读者批评指正。

作　者

2021 年 9 月

目　录

1 绪　　论

1.1　大型尾矿库安全现况

自改革开放以来，我国国民经济迅速发展。作为工业发展的基础产业——矿产业也是突飞猛进，日新月异。由于我国对环境保护力度的加大，严惩环境违法行为，使矿山企业不得不在矿山废弃物的处理和环境保护方面加大投入。尾矿是矿石经过选矿甄别后的废弃物。许多矿山在地表建设尾矿库，用于存储尾矿。随着尾矿库的数量不断增多，尾矿坝的堆积高度越来越高，尾矿库的灾害事故频发，尾矿库的安全问题备受政府相关部门和技术人员的关注和重视。

尾矿库是金属矿山和非金属矿山所必备、非常重要的生产设施，同时也是矿山最大的危险源之一。国内外尾矿库灾害事故触目惊心。据资料记载，1950~2020 年，世界上有大约 100 座重要尾矿坝发生了安全事故，尾矿的下泄对库区下游周围生态环境以及人们的生活造成严重影响。如，1950 年美国因溃坝致使 Soda Butte 河受到严重污染[1]；1985 年意大利 Stave 尾矿坝发生溃坝导致 300 人死亡并造成巨大的经济损失[2,3]；1994 年南非 Merriespruit 因 California 地震引起 TaoCanyon 尾矿坝等多个尾矿坝破坏[4,5]，造成巨大的经济损失和环境污染；1995 年圭亚那 Omai 金矿尾矿坝遭受破坏后，900 多名圭亚那人因饮用氰化物污染水死亡；西班牙 Aznalcóllar 尾矿坝 1998 年溃坝，致使下游 4600 万平方米区域受到污染[6~8]；2001 年 1 月，罗马尼亚乌努尔金矿尾矿废水大坝发生泄漏，约 10 万升含有铜、铅以及氰化物的污水流入蒂萨河，污水流经之处所有生物全部死亡，对当地生态环境造成极其严重的破坏[9]；2015 年 11 月 5 日，巴西米纳斯吉拉斯州的一座尾矿库因小型地震触发本身已接近饱和的超高坝体液化溃决，泄漏约 3200 万立方米尾矿，淹没下游 5km 外的 Bento Rodrigues 村庄 158 座房屋，造成 7 人死亡、18 人失踪、600 多人无家可归，下泄的尾矿浆污染超过 80km 的河道，并注入大西洋（见图 1.1），引发巴西史上最严重的环境灾害[10]；2019 年 1 月 25 日，巴西米纳斯吉拉斯州的另外一座尾矿库溃坝，造成 169 人死亡、200 多人失踪。因此，尾矿库的安全问题已经成为国外政府部门、矿山企业和学术界共同关注的重大问题。

在我国，随着经济的发展，有一些尾矿库处于生态敏感区或人口密集区，如位于江河、湖泊附近，或位于一些重要的公共设施和密集居民区的上游。这一类尾矿库不仅对库区下游居民的生命和财产安全有着潜在的威胁，还会危及当地的

图 1.1 尾矿泥浆流入大西洋

生态环境。如，1956 年 9 月 26 日云南锡业公司火谷都尾矿库发生溃坝事故，造成 171 人死亡以及 2000 多万元直接经济损失[11]；2000 年 10 月广西南丹县鸿图选矿厂的尾矿库发生溃坝，造成 28 人死亡、56 人受伤[12]；2007 年 11 月辽宁海城尾矿坝垮塌事故造成 6 人死亡、7 人失踪[13]；2008 年 9 月 8 日，山西临汾市襄汾县新塔矿业有限公司尾矿库垮塌，形成泥石流灾害，溃坝体积约 10 万立方米，淹没范围长约 2.5km，最大宽度 350m，面积 35hm²，导致位于尾矿库下方的公司宿舍楼、办公楼和集贸市场被吞没，造成 277 人死亡、33 人受伤，直接经济损失 9619 万元[14]，这次尾矿库溃坝事故是近年来我国死亡人数最多的一起特大责任事故，引起了国内外的广泛关注，也为尾矿库的安全运营与管理敲响了警钟；2010 年 9 月 21 日，广东省茂名市信宜紫金矿业有限公司银岩锡矿高旗岭尾矿库发生溃坝事件，共造成 22 人死亡。

目前，我国很多矿山的大型尾矿库运行年限已达数十年之久，尾矿库受到地震等自然灾害因素的影响，库内排水系统和结构物不同程度地出现安全隐患甚至局部破坏的情况，这样势必导致坝体浸润线过高甚至从部分坝面溢出，造成坝面局部区域出现坍塌、管涌等现象，极大降低了尾矿坝的稳定性。同时，由于选矿技术的提高，以及井下粗颗粒尾矿填充的影响，使实际入库内的尾矿粒度较设计时要细，尾矿坝坝体的强度大大降低，同样降低了尾矿坝的稳定性。据 2003 年估计，在我国 1500 多座尾矿库中，保持正常运行的不足 70%，有些行业大约有近 50%的尾矿库处于险、病以及超期服务状态[15]。据 2008 年的不完全统计，在全国 12655 座尾矿库中，有危库 613 座、险库 1265 座、病库 3032 座、正常库 7745 座，全国除了上海、天津外，各地均有分布，尾矿库安全分布情况如图 1.2 所示。由图可见，我国尾矿库安全形势不容乐观。在《中华人民共和国国民经济和社会发展第十一个五年规划纲要》专栏 16 "公共服务重点工程"中，将"重大事故隐患治理"和"安全生产应急救援"列入重点工程，明确指出"治理尾矿库危库、险库和危险性较大的病库"。针对这些危库、险库、病库以及超期工作的尾矿库，必须进行隐患治理以及安全整治，消除事故隐患。

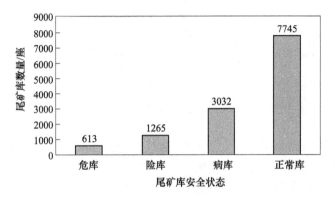

图 1.2 我国尾矿库安全度分布

2001～2014 年尾矿库事故数量统计和 2003～2014 年尾矿库事故死亡人数统计分别如图 1.3 和图 1.4 所示。由图 1.4 可知，从 2003～2008 年我国尾矿库事故起数与死亡人数明显呈逐年上升趋势，这主要是由于我国社会经济发展的同时矿产行业也在迅猛发展，尾矿库数量急剧增加，安全隐患加重，事故频发；2008～2009 年有大幅回落，其原因有两方面：一是政府更加重视，不断加强尾矿库的管理与监控，二是社会各界对尾矿库关注不断提高，特别是 2008 年"9·8"山西尾矿溃坝事件，更是掀起全国性的尾矿库治理与管控的高潮；2009～2011 年呈小幅度上升趋势；2011～2012 年有所回落；2013～2014 年又呈小幅度上升趋势，说明我国尾矿库事故正得到了初步的控制。随着我国矿产行业的不断规范化和标准化、尾矿综合利用程度的不断提高及综合治理水平的不断进步，我国尾矿库事故终将得到有效的控制。

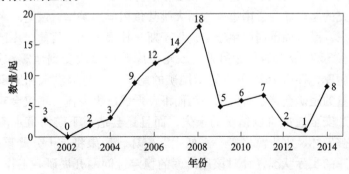

图 1.3 2001～2014 年尾矿库事故数量

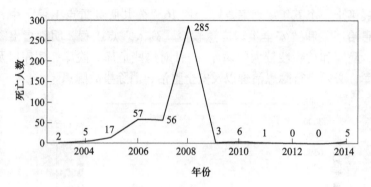

图 1.4　2003～2014 年尾矿库事故死亡人数

尾矿库是矿山储存尾矿的一种工业建筑物。尾矿排放是将尾矿一种以浆状形式排出到尾矿库内，并进行尾矿坝的堆积的活动。尾矿坝作为一种特殊的水工构筑物与一般的土石坝体不相同。主要区别在于尾矿库运行期间，尾矿坝体的高度、断面形状等不断发生改变；另外，尾矿坝是由松散的尾矿靠自然沉积、分层逐渐堆积而成，土石坝则是一次堆积、通过机械碾压而成。尾矿堆积坝土体通常表现为欠固结状态，较大部分呈饱和状态。

分析以往尾矿库发生溃坝破坏案例发现，尾矿库发生破坏原因主要有三种：（1）地震作用造成尾矿坝局部液化破坏，从而引起尾矿坝溃坝破坏；（2）区域内连续大暴雨造成尾矿库内水位急速上升，引起库内水漫坝下泻，造成溃坝破坏；（3）尾矿库内排水系统破坏导致坝体浸润面过高而发生坝体失稳溃坝破坏。

地震对尾矿库造成的破坏是触目惊心的。对以往受地震影响遭受破坏的尾矿坝案例进行分析，发现地震对尾矿坝破坏的主要表现在以下几个方面[16]：（1）尾矿坝的破坏主要是因尾矿的液化而发生；（2）尾矿坝的破坏主要表现为流滑形式；（3）坝坡在 30°～40°之间的尾矿坝较易遭受地震破坏；（4）地震情况下，已停用或不用的尾矿坝稳定性较正在运行的要好一些。

本书研究的尾矿库为云南省楚雄州大姚县鱼祖乍尾矿库，该尾矿库建于 1976年。几十年来，库区周围居民生于斯，长于斯，扎根于此，目前，库区下游河谷2km 范围内有 3600 余人居住。另外，该尾矿库曾经多次受到地震作用的影响，初步鉴定为病库，存有 1620 万立方米尾矿的尾矿库一旦因洪水和地震等影响造成溃坝，大量的尾矿会伴随着尾水一泻而下，形成巨大泥流，不仅会对下游居民的生命及财产安全造成难以估量的损失，而且还会造成下游河道水流和农田污染、周围植被破坏、水土流失等一系列生态破坏，后果将是十分严重的。因此，基于该尾矿库的实际状况，针对该尾矿库的稳定性问题开展研究工作十分必要，也十分紧迫。

1.2 尾矿库稳定性分析和研究现状

1.2.1 流固耦合分析

渗流场和应力场的相互作用关系称为流固耦合作用，流固耦合问题普遍存在于土体的渗流场中。1943年，太沙基最早开始研究岩土体和流体之间的相互作用，并将在弹性变形与饱和的多孔介质中流动的流体视为流动和变形的耦合问题，建立了一维固结模型，这就是著名的太沙基（Terzaghi）一维固结模型。当时对该理论提出了以下的一些假设[17]：

（1）土是均质、各向同性且饱和的；

（2）土颗粒与孔隙水均不可压，土的压缩完全由孔隙体积的减小引起；

（3）土体压缩和固结仅存在于竖直方向；

（4）孔隙水的渗透流动符合达西（Dracy）定律；

（5）整个固结过程中，土的渗透系数和压缩系数等均为常数；

（6）土体表面作用着连续均布载荷，并且是一次性施加的。

20世纪中期，比奥（Biot）在太沙基的理论基础上，研究了三向变形材料与孔隙压力的相互作用，并推广到各向异性多孔介质的动力分析中，建立了比较完善的三维固结理论，奠定了研究孔隙介质流固耦合理论的基础[18,19]。国内，1977年沈珠江[20~24]率先进行了比奥固结方程的有限元求解，而毛昶熙等人[25]以土体结构为研究对象，在边坡稳定性分析中以渗透力的形式考虑渗流对边坡稳定的影响，并提出了考虑渗流作用的边坡稳定极限平衡计算方法。随后，柴军瑞和仵彦卿[26]根据土坝土体渗透和变形特性，建立了均质土坝渗流场与应力耦合计算的连续介质数学模型。王晓鸿和王媛等人[27,28]也建立了不同的数学模型，另外，许多研究人员如杨志锡[29]、高小育[30]、陈晓平[31]以及张玉军等人[32]前后分别对土体的流固耦合进行了不同的模型建立和技术分析，并取得了较好的成果。

现在，随着渗流理论的不断完善以及计算机技术的迅速发展，有限元方法已能够有效解决复杂的边界条件、材料的非均匀性以及材料的各向异性等，并能方便地求解三维问题。

1.2.2 坝体渗流理论概述

1850年代，法国工程师达西（Darcy）通过垂直圆管中的砂土透水性渗流试验，建立了著名的达西定律[33]，由此奠定了渗流计理论的基础。1889年，H.E. 茹科夫斯基率先推导了渗流的微分方程；三年之后，H.E. 巴蒲洛夫斯基正式提出了求解渗流场的电模拟法。1931年，Richards将Darcy的线性渗流理论推广应用到非饱和渗流后，人们才真正开始了非饱和渗流的研究[34]。随着计算机技术的发展，工程渗流问题的分析方法也得到了很大的发展。通过数值方法分析渗流问题，一般是以自由水面为边界，在饱和区内进行计算研究，该方法由于没有考虑非饱和土的孔隙水压力状况等问题而不能全面真实地反映地下水的渗流动态。20 世纪 70 年代，国外开始考虑非饱和区域水的流动，即把饱和区与非饱和区一起进行分析。

数值模拟应用到 Richards 控制方程中以后，使得饱和-非饱和的渗流场获得合理的数值解成为可能。经过发展，有限元方法成为求解饱和-非饱和渗流问题的主要方法。S. P. Nenman 最早应用有限元方法求解饱和-非饱和渗流问题，他在 1973 年提出了一维非饱和渗流的有限元之后，又提出了解决二维饱和与非饱和的渗流有限元法[35,36]。1984 年 Lam 和 Fredlund[37] 应用饱和-非饱和渗流分析程序 Trasee 对一些渗流问题进行了求解。

国内汪自力和李莉等人[38] 于 1991 年提出了堤坝饱和-非饱和有限元分析的高斯点法；随后，李信等人[39,40] 应用伽辽金有限元法对三维饱和-非饱和土渗流问题进行计算研究，并介绍了数值方法和计算公式。毛昶熙[33] 于 1997 年对饱和与非饱和渗流计算的有限单元法进行了推导，并建立了数学模型。

1.2.3　动力分析理论进展

检索国内外近期文献表明，对尾矿坝稳定性研究主要始于 20 世纪 70 年代，由于当时对尾矿坝中岩土力学等问题的研究成果比较稀缺，同时人们对尾矿库的危害认识不够，另外尾矿坝成分和结构的复杂性以及应力场随着高度不断发生变化等，导致传统的土力学理论难以适应对尾矿坝这样的岩土力学问题的研究。

自 20 世纪 70 年代以来，世界各国地震工程工作者和土动力学研究人员对大型尾矿坝、土石坝等建筑物稳定性问题的研究越来越重视，并把研究重点放在如何正确判断这些建筑物对地震的反应上，经常组织相关的学术会议[41]，如：1984 年第八届世界地震工程会议，1987 年的第三届轨迹土动力学与地震工程会议和地震与大坝国际会议，1988 年第六届岩土工程数值方法会议以及第九届世界地震工程会议等。国内 1980 年与 1986 年也分别召开过土的动力性质测试会议和土动力学会议等，并发表了较多的土动力性质、尾矿坝和土石坝动力分析的论文，使得针对土石坝的研究有了较大的进展，经历了一个由拟静力分析到动力分析，由一维剪切梁到三维有限元分析，由线弹性到非线性分析，以及由总应力法到有效应力法的分析发展过程。

众所周知，最早的土动力学分析是把土坝简化为一维模型，实际上就是把土坝简化为具有线性宽度的垂直剪切梁。首先 Monobe 等按照该思路进行了一些动力分析研究[42]，随后 Ambraseys 等也做了进一步的研究。由于分析只考虑了土坝材料的剪切畸变，因此精度比较差。后来 Ishizki 和 Hatakyama 开始尝试对土坝进行二维分析，并论述了平面应变问题，采用有限差分法解答各时段的 Navie 方程。但由于土坝的几何形状以及材料的非均一性等因素使得有限差分法在研究土坝的二维动力反应时遇到了很大的困难，有限差分法对土石坝的动力分析显示出很大的局限性。20 世纪 60 年代以来，有限单元法在岩土工程的应用，使得土石坝的动力分析得到了快速发展。Clough 首先将有限单元法应用于土坝的动力分析，他假定坝体材料是均匀的线弹性体，采用振型叠加法对土体进行动力分析；70 年代 Dibaj、Idriss、Seed、Finn 等发展了各种土体材料的非线性分析方法[43]，由此，尾矿坝、土石坝的动力分析由线性向非线性有了实质性的突破。但当时的分析研究都仅限于地震反应计算，而没有考虑土的动力性质，也没有将土体的振动孔隙水压、变形与液化等相结合，没有考虑地震过程中孔隙水压力的升高与有效应力的降低对土体性质的影响的耦合作用，这种方法被叫做总应力动力分析方法。1989 年之前，国内外的土石坝动力分析基本停留在总应力动力分析法上。

考虑地震过程中孔隙水压力升高、有效应力降低对土性质的影响并考虑孔隙水压力消散和扩散的动力分析方法，称为有效应力动力分析方法，该方法首先由 Finn 于 1976 年提出[44]，但当时并没有考虑孔隙水压力的消散和扩散。不久，Seed 以 Terzaghi 固结理论为基础提出了有效应力分析方法，并考虑了孔隙水压力的消散和扩散[45]。1978 年 Ghaboussi 等又以 Biot 固结理论来考虑孔隙水压力的消散与扩散[46]，尽管当时他们考虑了土的骨架和孔隙水的可压缩性，但却把骨架当作完全弹性体，使其在动力计算时不发生液化。80 年代初，国内沈珠江等采用不同的计算方式发表了二维有效应力动力分析的论文和学术报告，并计算了密云白河土坝、陡河土坝、德兴尾矿坝、铜陵尾矿坝及马鞍山尾矿坝等。80 年代中期国外有了土石坝三维总应力的动力分析法[47]，同时国内提出了土石坝三维有效应力动力分析方法[48]。当时，尾矿坝、土石坝的抗震稳定分析所采用的方法大致分为两大类：（1）拟静力法；（2）动力分析方法，其又可分为解析法（如剪切楔理论）和数值分析法（如有限差分法、有限单元法等）。

在 20 世纪 90 年代之前的 40 年里，拟静力法被人们作为统一的计算地震时土坝抗滑安全系数的方法，所谓的拟静力法就是指在地震分析中，对可能滑动体的影响用一个等效的静水平力代替，该静水平力即为地震系数与可能滑动体重量的乘积。该方法在 Terzaghi 的经典著作中就有记载[49]，由于方法简单且有较长的实践经验，直到 20 世纪末仍为许多国家的抗震规范所采用。

对于非线性有效应力动力分析方法，在总应力动力分析方法之后随即提出，两种方法主要的区别在于是否考虑振动孔隙水压力的产生、扩散、消散、应力重分以及液化的发生与发展，两种方法都可以计算土坝的残余变形等。该理论在当时是以两相系统的有效应力分析为主，其中辛克维兹在有效应力动力分析时所用的一般原理与方法为其主要代表[41]。

（1）总应力和有效应力。该理论按照 Terzaghi 有效应力定律[49]分别定义总应力 σ_{ij} 和有效应力 σ'_{ij}：

$$\sigma_{ij} = \sigma'_{ij} + \delta_{ij}p \tag{1.1}$$

式中，p 为孔隙水压力；δ_{ij} 为 Kronecjer 符号。

（2）形变。形变增量 $\mathrm{d}\varepsilon_{ij}$ 与固相的位移增量 $\mathrm{d}u_{ij}$ 有关，表示为：

$$\mathrm{d}\varepsilon_{ij} = (\mathrm{d}u_{i,j} + \mathrm{d}u_{j,i})/2 \tag{1.2}$$

（3）本构方程。理论上认为总应力等于孔隙水压力和有效应力之和。由于孔隙水压力增量 $\mathrm{d}p$ 只引起弹性极小的固体颗粒的总压缩，故体积应变增量 $\mathrm{d}\varepsilon^{\mathrm{p}}_{ij}$ 可表示为：

$$\mathrm{d}\varepsilon^{\mathrm{p}}_{ij} = \delta_{ij}\frac{\mathrm{d}p}{3K_{\mathrm{s}}} \tag{1.3}$$

（4）整体平衡条件。对于尾矿坝、土石坝中所有的微分单元来说，总应力、重力加速度分量以及惯性力必须处于平衡状态，即必须满足下列平衡微分方程：

$$\sigma_{ij,j} + \rho g_i = \rho \ddot{u}_i \tag{1.4}$$

（5）水流连续条件。根据 Darcy 定律，两相系的连续方程[41,50]为：

$$-[h(p + \rho_{\mathrm{f}}h),i] + \dot{u}_{i,i} = -\dot{p}n/K_{\mathrm{f}} \tag{1.5}$$

式中，ρ_{f} 为液体密度；K_{f} 为液体压缩模量；n 为孔隙率；h 是重力加速度 g 分量的势能。

20 世纪 80 年代初，Meijia 和 Seed 把总应力法推广至三维动力分析，计算了美国 Orville 土坝的地震反应，并分析和比较了坝址峡谷几何形状及单元类型对动力反应的影响。在国内，周健、徐志英等人也提出了三维不排水有效应力动力分析方法[48]，采用时域法并考虑了土的动力非线性对铜陵铜矿狮子山尾矿坝副坝进行了计算。在三维分析中，采用等效黏弹性模式，将地震产生的振动孔隙水压力与尾矿坝、土石坝的固结渗流紧密结合起来，并将振动孔隙水压力引入三维 Biot 方程中，用等参数有限单元法求解位移和残余孔隙水压力[48]。求解方程为：

$$\frac{\partial \sigma'_x}{\partial x} + \frac{\partial \tau_{yx}}{\partial y} + \frac{\partial \tau_{zx}}{\partial z} + \frac{\partial p}{\partial x} - X = 0$$

$$\frac{\partial \tau_{xy}}{\partial x} + \frac{\partial \sigma'_y}{\partial y} + \frac{\partial \tau_{zy}}{\partial z} + \frac{\partial p}{\partial y} - Y = 0 \tag{1.6}$$

$$\frac{\partial \tau_{xz}}{\partial x} + \frac{\partial \tau_{yz}}{\partial y} + \frac{\partial \sigma'_z}{\partial z} + \frac{\partial p}{\partial z} - Z = 0$$

$$\frac{k_x}{\gamma}\frac{\partial^2 p}{\partial x^2} + \frac{k_y}{\gamma}\frac{\partial^2 p}{\partial y^2} + \frac{k_z}{\gamma}\frac{\partial^2 p}{\partial z^2} = \frac{\partial}{\partial t}(\varepsilon_x + \varepsilon_y + \varepsilon_z) \tag{1.7}$$

式中，σ'_x、σ'_y、σ'_z 分别为 x、y 及 z 向的有效应力；p 为包括振动孔隙水压力在内的残余孔隙水压力；τ_{xy}、τ_{yx}、τ_{zx} 为剪应力；k_x、k_y、k_z 分别为 x、y 和 z 向的渗透

系数；ε_x、ε_y、ε_z 分别为 x、y 和 z 方向的正应变；X、Y、Z 分别为 x、y 和 z 方向的单位体力；γ 为水的饱和容重。

利用物理方程和几何方程[51]，将方程式（1.6）、式（1.7）中的应力用位移来表示；然后用加权余量法导出有限元的计算公式，求解位移与孔隙压力。其中振动孔隙压力可由式（1.8）求得：

$$\Delta p_{\mathrm{g}} = \frac{\sigma_0'}{\pi\theta N_{\mathrm{L}}} \frac{(1-ma)}{\sqrt{1-(N/N_{\mathrm{L}})^{1/\theta}}} \left(\frac{N}{N_{\mathrm{L}}}\right)^{1/(2\theta)-1} \Delta N \qquad (1.8)$$

式中，Δp_{g} 为振动孔隙水压力增量；σ_0' 为初始有效应力；N 为振动周数；N_{L} 为液化周数；θ 为常数，与土的类型有关；ΔN 为振动周数增量；m 为系数；a 为初始应力比。

1.2.4　尾矿坝稳定性研究进展

国内学者对尾矿坝稳定性做了大量的研究，主要集中在尾矿坝固流耦合的稳定性、尾矿坝变形和力学特征的稳定性、尾矿坝结构特征的稳定性、尾矿坝稳定性的评价和预警等方面。

在考虑尾矿坝固流耦合特征或渗流特征方面，马媛玲[52]利用水力模型试验辅以数值分析的方法，分析了尾矿坝防洪安全性和排水系统的泄流稳定性，认为排水系统在泄流时不会发生共振，而且排水系统溢水塔的最大拉应力和压应力都较小，不会因强度不足而发生破坏；柳厚祥等人[53]认为考虑耦合作用的影响，尾矿坝渗流场的总渗流量减小，而应力场的各应力分量的最大值增大；魏宁等人[54]利用土体非线性弹-黏弹本构模型和流变的遗传记忆理论，分析了固结过程中的地基孔隙水压力、位移随时间的变化规律和流变现象对尾矿坝初期坝的影响；路美丽和崔莉[55]提出三维数值计算中对复杂地形进行适当的简化和概化对结果的影响较小，可以满足精度要求，因此大大减小了计算的复杂程度和难度；陈存礼等人[56]在不同固结状态下对饱和尾矿砂进行了动三轴试验，分析了饱和尾矿砂的动孔压和动残余应变发展特性；马池香和秦华礼[57]分析了尾矿库坝体产生渗漏的原因及种类，提出通过尾矿坝排渗固结提高尾矿坝稳定性；陈殿强等人[58]对工程实例进行了渗流稳定性、静力稳定性和动力稳定性计算，得出了浸润线与坝坡的关系、水力坡降与稳定性的关系；王会芬和董羽蕙[59]通过地下水渗流场的计算，模拟了尾矿坝地下水位的变化情况，预测了渗流场的变化规律；尹光志等人[60]分析了秧田箐尾矿库堆积到设计总坝高约2/3的高度时，在洪水工况和正常工况下坝体浸润线的变化规律；邓敦毅等人[61]分析了堆积体过高、坡度过陡、堆积体下面有昔格达组软层、不平衡力随时间变化等因素对尾矿坝稳定性的影响；王炳文等人[62]通过对某尾矿库在地震作用下的整体稳定性进行分析，得出在大烈度地震作用下局部有发生液化垮坝的危险，位移及速度最活跃的区域出现在尾矿库的坝底和坝顶边缘；尹光志等人[63]以云南2个矿山生产的粗尾砂和细尾砂为堆坝材料，对粗、细尾砂在堆坝过程中的渗流规律进行了对比研究，得出细粒尾砂堆积坝的浸润线较粗粒尾砂堆积坝高，粗、细粒尾矿堆积坝的坝前沉积规律基本相同，但粗粒尾矿堆积坝形成的干滩面坡度较大，而细粒尾矿堆积形成的干滩面坡度比较平缓的结论；胡明鉴等人[64]通过对某上游法尾矿坝抗滑稳定性进行分析，认为尾矿坝抗滑稳定性随坝体的加高而降低，排渗系统运行状况对尾矿坝抗滑稳定性的影响超过坝体加高对尾矿坝抗滑稳定性的影响；楼建东等人[65]以某尾矿坝坝体加高、排矿速度、浸润线条件、排渗系统运行状况对尾矿坝稳定性的影响为例，建立应力应变的数学模型，结合有限元法计算在未来加高情况下坝体的应力和应变等值线图，确定存在潜在危险的滑动面，最后用剩余推力法计算评价其稳定性；刘才华[66]以大尖山尾矿坝为例，运用极限平衡法分析洪水期尾矿坝的稳定性，得出在暴雨情况下可能发生破坏；敬小非等人[67]以现场排放尾矿砂为试验材料，进行了尾矿堆积坝在洪水情况下发生垮塌破坏的模型试验，获得了尾矿坝溃决过程中坝坡的位移矢量演化、浸润线与应力的变化特性以及坝体破坏发展过程，揭示了洪水作用下尾矿坝的垮塌机制和溃决模式；尹光志等人[68]采用自行研制开发的尾矿坝溃决破坏模拟试验装置，对不同高度尾矿坝瞬间全溃后泥浆流态演进规律及动力特性进行了模拟试验研究，探讨泥浆在下游区域流动过程中的冲击力强度、淹没范围以及演进规律；他们还利用2D-FLOW计算软件，分析了初期坝被堵塞、干滩长度、大气降雨对尾矿坝坝体浸润线的影响[69]。

在考虑尾矿坝变形和力学特征的稳定性研究方面，张超等人[70]将可靠度理论引入尾矿坝稳定性分析中，认为尾矿材料的内摩擦角的变异性将显著影响尾矿坝稳定性分析的可靠指标，重度的变异性对可靠指标的影响大于黏聚力的变异性的影响；李明等人[71~74]分别将有限元法、圆弧条分法、毕肖普法、简布法、集对分析法应用于尾矿坝稳定性分析，获得了各尾矿坝的安全状态。

目前考虑尾矿坝结构特征稳定性的研究较少。尹光志等人[75]研究了受载尾矿细观结构变形演化的非线性特征，发现尾矿细观孔隙结构具有显著的周长-面积分形特征，分形维数与切面孔隙比存在显著的对数负相关关系，在荷载不变的情况下，随着加载时间的增长，切面孔隙比降低，且有微小的反弹上升现象，而孔隙周长-面积分形维数呈阶段性增加，每一阶段有小幅回落现象；于广明等人[76]应用先进的分形几何学描述尾矿坝内部的结构特征，检验了尾矿坝内部结构的分形性质，分析了尾矿坝内部结构分形性质对尾矿坝力学性能的影响，揭示了金矿尾矿坝坝体材料的粒径分布具有分形结构特征。

在尾矿坝稳定性评价和预警方面，谢旭阳等人[77]在建立尾矿库区域性预警指标体系的基础上，利用支持向量机的方法，建立了尾矿库区域预警模型；李全明等人[78]将多层模糊模式识别评价模型应用于尾矿库溃坝风险评价中，提出了基于模糊理论的尾矿库风险评价模型；袁湘民[79]分析了下水湾尾矿库的现状及下水湾尾矿库扩容工程的设计方案存在主要危险有害因素，提出了针对下水湾尾矿库的特点的尾矿库安全预评价体系，用预先危险性分析法、安全检查表分析法等对尾矿库的总体布置、尾矿坝、尾矿库排洪系统、尾矿库监测系统等4个单元进行了安全评价；罗飞飞和李庆军[80]针对尾矿库专家评分法对较小分数差异对象的评价结果存在较大误差的问题，提出模糊灰色综合评价方法；束永保和李仲学[81]运用事故树方法从自然灾害、坝体质量问题、人因管理缺陷等3个方面对尾矿库溃坝事故进行了研究，指出地震、库区山体滑坡、排水设施破坏、坝体失稳、人因管理缺陷是引发尾矿库溃坝事故的主要原因；郭朝阳和唐治亚[82]采用工程类比法，根据泥石流以及水库溃坝等方面的工程经验和数学模型，得出尾矿库溃坝所形成泥石流的数学模型；卓青峰等人[83]针对福建省某尾矿库进行了溃坝分析，预测了尾矿库溃坝泥石流的洪峰流量、下游各点的最大淹没高度、起涨时间以及最大流量的到达时间；郑锐等人[84]利用信息论中熵计算客观权重的方法，提出尾矿库安全模糊综合评价模型。

从上述分析可以看出，国内学者主要通过考虑尾矿坝固流耦合、变形和力学特征、结构特征等，采用理论分析和数值模拟方法分析尾矿坝稳定性；基于边坡工程成熟的理论和工程经验建立相关的数学模型，用相应的分析软件进行数值模拟，最终对尾矿坝安全性做出评价和安全预警。

1.2.5 尾矿坝抗震性研究进展

国内学者还对尾矿坝抗震性能进行了分析与研究。柳厚祥等人[85]采用不排水有效应力和排水有效应力法两种地震反应有限元分析法，分析了高尾矿坝在地震过程中和地震后孔隙水压力的产生、扩散和消散规律及其加速度、动应力和孔隙水压力的响应值，从而得出坝体内应力均为压应力，其应力水平均小于1.0，安全系数均大于1.0，坝体内每个单元的抗液化安全系数大于1.5，同时，坝体的抗震性能和抗液化能力明显增强，坝顶部液化区的范围和深度大大地减小；柳厚祥和王开治[86]研究了旋流器与分散管交替排放联合堆筑尾矿坝的坝体结构、抗震性能和抗液化能力，得出了联合筑坝工艺使坝体的结构得到改善，抗震性能和抗液化能力明显增强，抗震稳定性提高的结论；王国华等人[87]采用不排水有效应力法，输入美国 IMPERIAL 山谷地震记录高烈度地震波，对尾矿库堆积坝进行了地震响应的综合分析与液化计算，得出龙都尾矿坝沉积滩将产生裂缝和喷砂、堆积坝出现大面积液化而导致溃坝的结论；曾向农等人[88]对大坝稳定性数值分析方法中天然地震影响系数的确定进行了研究，采用拟静力法推导出在7度地震烈度下，各种场地类别的水平向天然地震影响系数的理论值；滕志国[89]用拟静力法和动力法分析了唐钢庙沟铁矿尾矿坝的地震反应性能；张峰等人[90]研究了爆破地震波作用下坝体的动力反应，得出在规定的爆心距、药量范围内进行爆破采矿时，相邻的尾矿坝是安全稳定的结论。

国内学者主要采用理论研究和数值分析来研究地震作用下尾矿坝的稳定性，提出了许多增强尾矿坝抗震性能的建议和对策，对我国尾矿坝抗震设计具有较好的应用价值。

1.2.6　尾矿坝安全管理研究进展

王涛等人[91]运用 Delphi 法构造了相关因素的各层次判断矩阵，并应用定性与定量相结合的层次分析法进行分析，最后确定出各影响因素的权重并进行总排序，分析认为在尾矿库运行期间排洪系统对其整体安全影响最大，其次为筑坝堆存系统、尾矿库管理与维护、回水系统和尾矿输送系统；路荣博和王涛[92]建立了事故树分析模型，应用布尔代数法计算得出最小割集，确定了导致溃坝事故发生的各基本原因事件的结构重要度；韩鸿彬[93]提出应用事故预防预测技术，做好尾矿坝隐患的监测和预报；徐宏达[94]提出建立尾矿库失事概率分析和在失事所造成的经济损失和生命损失估算基础上的风险评价体系和完整的法规体系；杜通等人[95]研究了尾矿库安全管理机构及职责、尾矿排放和尾矿库防洪的安全管理措施；谢旭阳等人[96]从规模等级情况、安全生产许可证领取情况、设计状况、服务年限情况、筑坝方式、尾矿库安全度状况、应急预案编制情况、评价状况、排洪设施完好情况、下游情况、库区内违章情况共 11 个方面对尾矿库数据进行了统计分析。

国内学者运用层次分析法、布尔代数法、事故树法、统计分析法等理论方法，分析了尾矿坝溃坝原因、溃坝形式等，提出了加强安全生产管理、安全评价、环境评价和完善尾矿库安全管理等措施。

1.2.7　尾矿坝安全监测研究进展

国内学者对尾矿库在线监测应解决的关键问题进行了研究。张飞燕[97]设计了 GPRS 与 GSM 相结合的无线监测系统监控尾矿坝；李忠奎和廖国礼[98]以浸润线、防洪能力、坝体位移和降雨量作为尾矿库安全的主要监测指标，设计了尾矿库溃坝监测预警系统；谢旭阳等人[99]在建立尾矿库区域性预警指标体系的基础上，利用支持向量机的方法，建立了尾矿库区域预警模型；曾群伟等人[100]提出将浸润线、防洪容量等作为尾矿库在线自动监测的指标；吕金辉和郭忠林[101]设计了一种基于 B/S 模式下分布式尾矿库安全监测系统；胡军[102]开发了基于 Internet-Intranet 的尾矿坝自动化安全监测系统；赵志军等人[103]将 ZigBee 无线传感器网络技术应用于尾矿大坝安全监测系统；汪金花和李富平[104]以河北省唐山地区为例，开发了基于 GIS 尾矿资源管理系统；许同乐等人[105] 为保证传输系统的稳定性和可靠性，提出利用光纤和 GPRS 技术传输尾矿库监测数据。

学者们通过使用 GPRS、GIS、ZigBee 等技术，监测浸润线、库水位、坝体位移、降雨量的变化规律。可以看出，尾矿库安全监测越来越受到重视，研究人员将现代计算机、通信、监测等技术与尾矿库监测理论有机结合，以实现尾矿库安全在线监测的科学化、自动化。

1.3 本书主要研究内容

尾矿堆积坝的稳定性研究是一个复杂的综合性问题，尤其以高尾矿坝更为突出，其研究涉及很多方面，不能简单地从某一方面对其进行分析和评估。本书密切结合矿山实际工程，本着"为企业解决问题，对技术进行探索与创新"的原则，主要采取室内试验、理论分析、数值计算和工程实践相结合的综合性研究方法。根据目前国内外尾矿坝稳定研究的相关理论，结合云南省楚雄州大姚县鱼祖乍尾矿坝实际情况、库区工程地质条件以及水文气象等，在之前相关研究成果基础上，采用有限元方法对该尾矿坝的稳定性进行综合分析。主要内容有以下几点：

（1）对尾矿组别进行室内土工试验，分析各主要组别尾矿的物理力学特性和工程力学特性，其中包括尾矿颗粒分析、密度、容重和抗剪强度、渗透性、压缩性等，为高堆坝的稳定性计算分析提供基础数据。

（2）通过人工制样，对尾矿主要组别进行动力特性的试验测试。即在相应的固结比、围压和动力幅值条件下进行动三轴试验，获得尾矿样的动力学特性参数，为堆坝的动力稳定性分析提供基础数据；并结合不同粗粒含量尾矿样的动孔隙水压力变化的曲线特征，对动孔隙压力模型进行探索，以求获得适合于尾矿材料的动孔隙水压力变化特征。

（3）分析与探索尾矿库内水位高低对坝体稳定性的影响。根据尾矿库现场勘探资料等，建立尾矿库的三维渗流模型，计算不同库水位下尾矿坝的渗流场，获得地下渗流场的分布规律，评估当前现状下坝体可能存在的渗流隐患，并对初步设计的防护治理措施的可行性进行分析验证。

（4）按照设防烈度为 7 度下，模拟分析坝体在地震作用下的动力响应特征，以获得坝体在地震作用下所发生的应力、应变分布规律与变化特性，以及分析坝体是否发生地震液化等。

（5）计算最终坝高下的坝体稳定性。根据实际需要，该尾矿堆积坝在未来一段时间内还会继续堆高，进行加高扩容，因此，需要通过数值模拟分析判断尾矿坝未来是否处于稳定状态，是否满足规范要求等，为设计部门和矿山企业的安全生产提供参考。

1.4　本书研究方法和技术路线

本书的研究主要以工程实际案例为研究对象，采用室内试验、理论分析、数值模拟与实际工程相结合的方法，针对尾矿坝的稳定开展计算分析。先根据云南华坤工程技术股份公司（原昆明有色冶金设计研究院）提供的设计资料，包括尾矿的性质、坝体结构以及尾矿分层等，通过仔细分析，再结合实际情况，选取尾矿坝的特征面，构建三维实体模型并进行分析计算，具体路线如图 1.5 所示。

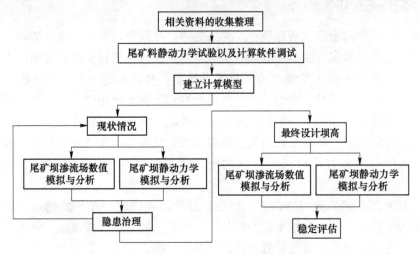

图 1.5　课题研究思路及技术路线

1.5　创新之处

（1）采用 ABAQUS 对三维尾矿坝进行分析，目前很多文献通过采用岩土工程上的某一类针对性强的数值模拟软件对尾矿坝进行分析，对于 ABAQUS 的使用，多数是二维模型的稳定性分析，针对三维模型的分析很少。

（2）对尾矿坝新填土进行处理时，多数采用一次性模型建立，本书启用 ABAQUS 中的网格生死技术，这与实际情况也较符合。

（3）对于坝体材料的液化判别，在很大程度上都仅仅是理论上的描述或是其他专业软件的液化处理，在 ABAQUS 中目前还没有直观对坝体材料的描述。

参 考 文 献

[1] Marcus W A, Meyer G A, Nimmo D R. Geomorphic control of persistent mine impacts in a Yellowstone Park stream and implications for the recovery of fluvial systems [J]. Geology, 2001,

29 (4): 355~358.

[2] Blight G E. Destructive mudflows as a consequence of tailings dyke failures [J]. Proceedings of the Institution of Civil Engineers Geotechnical Engineering, 1997, 125 (1): 9~18.

[3] Chandler R J, Tosatti G. Stava tailings dams failure, Italy, July 1985 [J]. Proceedings of the Institution of Civil Engineers Geotechnical Engineering, 1995, 113 (2): 67~79.

[4] Fourie A B, Blight G E, Papageorgiou G. Static liquefaction as a possible explanation for the Merriespruit tailings dam Failure [J]. Canadian Geotechnical Journal, 2001, 37 (4): 707~719.

[5] Harder L F J, Stewart J P. Failure of Tapo Canyon tailings dam [J]. Journal of Performance of Constructed Facilities, 1996, 10 (3): 109~114.

[6] Vick S G. Tailings dam failure at Omai in Guyana [J]. Mining Engineering, 1996, 48 (11): 34~37.

[7] McDermott R K, Sibley J M. Aznalcollar tailings dam accident—A case study [J]. Mineral Resources Engineering, 2000, 9 (1): 101~118.

[8] Kemper T, Sommer S. Estimation of heavy metal contamination in soils after a mining accident using reflectance spectroscopy [J]. Environmental Science and Technology, 2002, 36 (12): 2742~2747.

[9] 徐宏达. 我国尾矿库病害事故统计分析 [J]. 工业建筑, 2001, 31 (1): 69~71.

[10] Fundão Tailings Dam Review Panel. Report on the Immediate Causes of the Failure of the Fundão Dam [EB/OL]. (2016/08/25) [2017/10/01]. http: //fundaoinvestigation. com/ the-panel-report/.

[11] 孙海涛, 等. 有限单元法在龙王山金矿尾矿坝优化设计中的应用 [J]. 南华大学学报 (自然科学版), 2005, 19 (3): 1~4.

[12] 梁雅丽. 10·18 南丹尾矿坝大坍塌 [J]. 沿海环境, 2000 (12): 7.

[13] 中华人民共和国中央人民政府门户网站. 辽宁海城尾矿坝垮塌事故已造成 6 人死亡 7 人失踪 [EB/OL]. http: //www. gov. cn/jrzg/2007-11/25/content_814994. htm.

[14] 陈晓舒, 严冬雪, 张蔚然. 山西尾矿库溃坝事故调查 [EB/OL]. 中国新闻网, http: // www. chinanews. com. cn/gn/news/2008/09-16/1382291. shtml.

[15] 魏作安, 沈楼燕, 李东伟. 探讨尾矿库设计领域中存在的问题 [J]. 中国矿业, 2003, 12 (3): 60~61, 65.

[16]《中国有色金属尾矿库概论》编辑委员会. 中国有色金属尾矿库概论 [R]. 中国有色金属工业总公司, 1992: 252~257.

[17] 费康, 张建伟. ABAQUS 在岩土工程中的应用 [M]. 北京: 中国水利水电出版社, 2010.

[18] Biot M A. General theory of three dimensional consolidation [J]. Journal of Applied Physics, 1941, 12 (2): 155~164.

[19] 盛金昌, 速宝玉. 裂隙岩体渗流应力耦合研究综述 [J]. 岩土力学, 1998, 19 (2): 92~98.

[20] 沈珠江. 用有限单元法计算软土地基的固结变形 [J]. 水利水运科技情报, 1977 (1): 7~23.

[21] 徐志英，沈珠江．尾矿高堆坝地震反应的综合分析与液化计算 [J]．水力学报，1983（5）：30～39．

[22] 徐志英，沈珠江．高尾矿坝的暴雨渗流和地震液化有限单元分析 [J]．华东水利学院学报，1983（1）：22～34．

[23] 徐志英，沈珠江．高尾矿坝的静、动应力非线性分析与地震稳定性 [J]．华东水利学院学报，1980（4）：59～75．

[24] 徐志英，沈珠江．高尾矿坝的地震液化和稳定性分析 [J]．岩土工程学报，1981，3（4）：22～32．

[25] 毛昶熙，李吉庆，段祥宝．渗流作用下土坡圆弧滑动有限元计算 [J]．岩土工程学报，2001，23（6）：746～752．

[26] 柴军瑞，仵彦卿．均质土坝渗流场与应力场耦合分析的数学模型 [J]．陕西水力发电，1997，13（3）：4～7．

[27] 王晓鸿，仵彦卿．渗流场-应力场耦合分析 [J]．勘察科学技术，1998（4）：3～6．

[28] 王媛．多孔介质渗流与应力的耦合计算方法 [J]．工程勘察，1995，2：33～36．

[29] 杨志锡，等．基坑工程中应力场与渗流场直接耦合的有限元法 [J]．勘察科学技术，2001（3）：32～36．

[30] 高小育，廖红建，丁春华．渗流对土质边坡稳定性的影响 [J]．岩土力学，2004，25（1）：69～72．

[31] 陈晓平，茜平一，梁志松，等．非均质土坝稳定性的渗流场和应力场耦合分析 [J]．岩土力学，2004（6）：860～864．

[32] 张玉军．饱和-非饱和介质水-应力耦合的研究 [J]．岩石力学与工程学报，2005，24（17）：3045～3051．

[33] 毛昶熙．渗流计算分析与控制 [M]．北京：中国水利水电出版社，2003．

[34] Richards L A. Capillary conduction of liquds through porous medium [J]. J Physics, 1931, 1（5）：318～333.

[35] Neuman S P. Galerkin Approach to Saturated-Unsaturated Flow in Porous Media [J]. Finite Elements in Fluids. Viseous Flow and Hydrodynamieal [M]. London：Wiley, 1974.

[36] Freeze R A, Cherry J A. Groundwater Englewood Cliff [M]. NJ：Prentice-Hall, 1979.

[37] Lam L, Fredlund D G. Satured-unsaturated transient finite element seepage Model for geotechnical engineering [J]. Adv Water Resources, 1984, 7：132～136.

[38] 汪自力，李莉，等．饱和-非饱和渗流模型在多层自由面渗流分析中的应用 [J]．人民黄河，1997（1）：34～35．

[39] 李信，高骏，汪自力．饱和-非饱和土的渗流三维计算 [J]．水利学报，1992（11）：63～80．

[40] 黄俊，苏向明．土坝饱和-非饱和渗流数值分析方法研究 [J]．岩土工程学报，1990，12（5）：30～39．

[41] 徐志英．土石坝和尾矿坝抗震分析的新进展 [J]．河海大学科技情报，1989，9（3）：28～43．

[42] Mononobe N, Takata A, Matumura M. Seismic Stability of an Earth Dam, Transactions

［C］//2nd Congress on Large Dams, Washington D C, 1936.

［43］Dibaj M, Penzien J. Nonlinear Seimic Respose of Earth Structures ［R］. Report EERC-69-2, 1969.

［44］Finn W L, Byrnc P M, Martin G R. Seismic Response and Liquefaction of Sands ［C］//Proc ASCE, 1976.

［45］Seed H B, Martin P P, Lysmer J. Pore Water Pressure Changes during Soil Liquefaction ［C］//Proc ASCE, 1977.

［46］Ghabouss J, Dikmen S U. Liquefaction Analysis of Horizontally Layered Sand ［C］//PROC ASCE, 1978.

［47］Mejia L H, Seed H B, Lysmer J. Dynamic Analysis of Earth Dam in three Dimensions ［C］// Proc ASCE, 1982.

［48］周健, 徐志英. 土（尾矿）坝的三维有效应力动力反应分析 ［J］. 地震工程与工程振动, 1984, 4（3）: 60~70.

［49］Terzaghi K, Peck R B, Mesri G. Soil Mechanics in Engineering Practice ［M］. London: Wiley, 1996.

［50］王勖成. 有限元法的理论基础 ［M］. 北京: 清华大学出版社, 2003.

［51］吴家龙. 弹性力学 ［M］. 北京: 高等教育出版社, 2001.

［52］马媛玲. 本钢歪头山尾矿库泄水系统安全稳定分析 ［D］. 大连: 大连理工大学, 2003.

［53］柳厚祥, 李宁, 廖雪, 等. 考虑应力场与渗流场耦合的尾矿坝非稳定渗流分析 ［J］. 岩石力学与工程学报, 2004, 23（17）: 2870~2875.

［54］魏宁, 茜平一, 张波, 等. 软基处理工程的有限元数值模拟 ［J］. 岩石力学与工程学报, 2005, 24（增2）: 5789~5794.

［55］路美丽, 崔莉. 复杂地形尾矿坝的三维渗流分析 ［J］. 岩土力学, 2006, 27（7）: 1176~1180.

［56］陈存礼, 何军芳, 胡再强, 等. 动荷作用下饱和尾矿砂的孔压和残余应变演化特性 ［J］. 岩石力学与工程学报, 2006, 25（增2）: 4034~4039.

［57］马池香, 秦华礼. 基于渗透稳定性分析的尾矿库坝体稳定性研究 ［J］. 工业安全与环保, 2008, 9（9）: 32~34.

［58］陈殿强, 王来贵, 李根. 尾矿坝稳定性分析 ［J］. 辽宁工程技术大学学报, 2008, 6（3）: 359~361.

［59］王会芬, 董羽蕙. 尾矿坝渗流场的计算与分析 ［J］. 科学技术与工程, 2010, 10（24）: 5860~5867.

［60］尹光志, 李愿, 魏作安, 等. 洪水工况下尾矿库浸润线变化规律及稳定性分析 ［J］. 重庆大学学报, 2010, 33（3）: 72~86.

［61］邓敦毅, 邵树强, 潘建平. 自然状态下尾矿坝边坡稳定性的数值模拟研究 ［J］. 地下空间与工程学报, 2010, 6（2）: 414~428.

［62］王炳文, 张磊, 赵彦昌, 等. 基于 FLAC3D 的尾矿库地震稳定性分析 ［J］. 金属矿山, 2010（4）: 159~162.

［63］尹光志, 敬小非, 魏作安, 等. 粗、细尾砂筑坝渗流特性模型试验及现场实测研究 ［J］.

岩石力学与工程学报, 2010, 29 (增2): 3710~3718.

[64] 胡明鉴, 郭爱国, 陈守义. 某上游法尾矿坝抗滑稳定性分析的几点思考 [J]. 岩土力学, 2004, 25 (5): 769~773.

[65] 楼建东, 李庆耀, 陈宝. 某尾矿坝数值模拟与稳定性分析 [J]. 湖南科技大学学报, 2005, 20 (2): 58~61.

[66] 刘才华. 大尖山尾矿坝稳定性分析 [J]. 地基基础和岩土工程, 2007 (2): 172~173.

[67] 敬小非, 尹光志, 魏作安, 等. 尾矿坝垮塌机制与溃决模式试验研究 [J]. 岩土力学, 2011, 32 (5): 1377~1404.

[68] 尹光志, 敬小非, 魏作安, 等. 尾矿坝溃坝相似模拟试验研究 [J]. 岩石力学与工程学报, 2010, 29 (增2): 3830~3838.

[69] 尹光志, 魏作安, 万玲. 龙都尾矿库地下渗流场的数值模拟分析 [J]. 岩土力学, 2003, 24 (增2): 25~28.

[70] 张超, 杨春和, 徐卫亚. 尾矿坝稳定性的可靠度分析 [J]. 岩土力学, 2004, 25 (11): 1706~1711.

[71] 李明, 胡乃联, 于芳, 等. ANSYS软件在尾矿坝稳定性分析中的应用研究 [J]. 金属矿山, 2005 (8): 56~59.

[72] 罗建林, 牛跃林, 孙浩刚. 圆弧条分法在尾矿库安全评价中的应用 [J]. 中国安全生产科学技术, 2006, 2 (3): 84~87.

[73] 梁力, 李明, 王伟, 等. 尾矿库坝体稳定性数值分析方法 [J]. 中国安全生产科学技术, 2007, 3 (5): 11~15.

[74] 郑欣, 许开立, 李春晨. 集对分析方法在尾矿坝稳定性评价中的应用 [J]. 矿业安全与环保, 2008, 8 (4): 72~77.

[75] 尹光志, 张千贵, 魏作安, 等. 尾矿细观结构变形演化非线性特征试验研究 [J]. 岩石力学与工程学报, 2011, 30 (8): 1604~1612.

[76] 于广明, 潘永战, 宋传旺, 等. 尾矿堆积坝分形结构及其对坝体力学性能的影响研究 [J]. 青岛理工大学学报, 2011, 32 (2): 1~22.

[77] 谢旭阳, 江田汉, 王云海, 等. 基于支持向量机的尾矿库灾害区域预警 [J]. 中国安全生产科学技术, 2008, 4 (4): 17~21.

[78] 李全明, 陈仙, 王云海, 等. 基于模糊理论的尾矿库溃坝风险评价模型研究 [J]. 中国安全生产科学技术, 2008, 4 (6): 58~61.

[79] 袁湘民. 下水湾尾矿库安全评价及溃坝模拟分析 [D]. 长沙: 中南大学, 2008.

[80] 罗飞飞, 李庆军. 基于灰色模糊理论的尾矿库安全评价方法研究 [J]. 工业安全与环保, 2009, 35 (8): 46~48.

[81] 束永保, 李仲学. 尾矿库溃坝灾害事故树分析 [J]. 黄金, 2010, 31 (6): 54~56.

[82] 郭朝阳, 唐治亚. 尾矿库溃坝模型探讨 [J]. 中国安全生产科学技术, 2010, 6 (1): 63~67.

[83] 卓青峰, 袁文君, 林建, 等. 福建省某尾矿库溃坝分析 [J]. 矿冶工程, 2011, 31 (2): 16~19.

[84] 郑锐, 杨振宏, 潘成林. 基于熵技术的尾矿库安全模糊综合评价体系研究 [J]. 中国安

全生产科学技术, 2011, 7 (6): 107~111.

[85] 柳厚祥, 廖雪, 李宁, 等. 高尾矿坝的有效应力地震反应分析 [J]. 振动与冲击, 2008, 27 (1): 65~92.

[86] 柳厚祥, 王开治. 旋流器与分散管联合堆筑尾矿坝地震反应分析 [J]. 岩土工程学报, 1999, 21 (2): 171~176.

[87] 王国华, 段希祥, 杨溢, 等. 高烈度地震对龙都尾矿坝稳定性影响的研究 [J]. 昆明理工大学学报, 2008, 8 (4): 1~6.

[88] 曾向农, 程运材, 杨海洋. 尾矿坝稳定分析中天然地震影响系数的确定及其应用研究 [J]. 矿业工程, 2008, 2 (1): 26~28.

[89] 滕志国. 关于尾矿坝地震稳定性的分析及评价 [J]. 河北冶金, 2003 (1): 16~17.

[90] 张峰, 郭晓霞, 杨昕光, 等. 爆破地震波作用下尾矿坝的有限元动力分析 [J]. 防灾减灾工程学报, 2010, 30 (3): 281~286.

[91] 王涛, 侯克鹏, 郭振世, 等. 层次分析法 (AHP) 在尾矿库安全运行分析中的应用 [J]. 岩土力学, 2008, 29 (增): 680~686.

[92] 路荣博, 王涛. 上游法尾矿库溃坝事故致因分析及安全管理技术研究 [J]. 长江科学院院报, 2009, 26 (增): 112~117.

[93] 韩鸿彬. 尾矿库安全技术管理浅探 [J]. 现代矿业, 2009 (10): 132~133.

[94] 徐宏达. 尾矿库的安全评价和风险管理 [J]. 金属矿山, 2009 (8): 135~139.

[95] 杜通, 浑宝炬, 张大伟, 等. 尾矿库的危害和安全管理措施 [J]. 河北理工大学学报, 2009, 31 (2): 9~17.

[96] 谢旭阳, 田文旗, 王云海, 等. 我国尾矿库安全现状分析及管理对策研究 [J]. 中国安全生产科学技术, 2009, 5 (2): 5~9.

[97] 张飞燕. 栗西尾矿库坝体稳定性运行监测系统的研究 [D]. 武汉: 武汉理工大学, 2004.

[98] 李忠奎, 廖国礼. 尾矿库溃坝监测预警系统设计研究 [J]. 有色金属: 矿山部分, 2008, 60 (6): 33~35.

[99] 谢旭阳, 江田汉, 王云海, 等. 基于支持向量机的尾矿库灾害区域预警 [J]. 中国安全生产科学技术, 2008, 4 (4): 17~21.

[100] 曾群伟, 谢殿荣, 苏举端, 等. 尾矿库溃坝的安全监测 [J]. 工业安全与环保, 2010, 36 (1): 44~46.

[101] 吕金辉, 郭忠林. 基于 B/S 模式下分布式尾矿库安全在线监控系统设计 [J]. 有色金属 (矿山部分), 2010, 62 (5): 56~62.

[102] 胡军. 基于 Internet-Intranet 的尾矿坝自动化安全监测系统 [J]. 金属矿山, 2010 (2): 124~132.

[103] 赵志军, 阎高伟, 谢克明. 尾矿大坝安全监测系统研究 [J]. 现代电子技术, 2010 (5): 197~199.

[104] 汪金花, 李富平. 基于 GIS 的尾矿资源管理空间分析 [J]. 金属矿山, 2010 (11): 165~168.

[105] 许同乐, 郎学政, 裴新才, 等. 基于光纤传输的尾矿库安全监测预警系统研究 [J]. 黄金, 2011, 32 (7): 43~47.

2 尾矿坝稳定性影响因素分析

2.1 尾矿坝稳定性分析方法

尾矿坝的稳定性分析指的是评价坝体的工作状态和安全性，通过监测资料来预测坝体未来的变化情况，验证原始设计资料的合理性和正确性等一系列尾矿坝安全问题。稳定性分析是尾矿库设计和运行管理中不可缺少的部分。国内颁布了法律法规和行业规范来指导尾矿库的设计施工运行，如《尾矿库安全技术规程》[1]和《尾矿设施设计规范》[2]，国外（如美国、巴西、加拿大等国家）对此也颁布了一系列法律文件规范尾矿库的建设[3,4]，资料显示，发达国家的尾矿库设计标准比我国高，尾矿库的安全系数和供水重现期等指标明显高于我国，单纯从安全性考虑，笔者相信合理并且高标准的设计规范有利于尾矿库的安全稳定。

通过调研国内外尾矿坝失事的案例发现，尾矿库中储存的水导致尾矿坝工程的安全运行和分析变得复杂。学者倾向于将尾矿坝的坝坡当成边坡研究，根据文献资料显示分析方法共分为定性分析方法、定量分析方法、非确定性分析方法[5]。

定性分析法主要包括地质分析法（历史成因分析法）、工程地质类比法。当运用定性分析法的时候，首先需要对周围环境进行工程地质勘察，分析主要影响边坡安全稳定的因素，根据目前已经存在的变形破坏，分析未来可能出现的破坏形式和失稳机理。其优点在于可综合考虑影响边坡安全稳定的因素，能够快速估计边坡的稳定性，并预测未来可能的发展趋势；缺点在于该方法没有考虑边坡内部的应力应变特征，它对于评价者有着较高的要求，此外定性分析法的精度低，不足以满足重要工程的需求。

定量分析法是在对边坡稳定性机理分析后再结合力学分析的方法。目前广泛使用的定量分析模型分为两大类，第一种为基于极限平衡理论的极限平衡分析法，如毕肖普法、简布条分法、斯宾塞法。极限平衡分析理论的特点是仅考虑静力平衡条件和摩尔-库仑破坏准则。即通过分析岩、土体在破坏瞬时间力的平衡来求解。极限平衡分析方法缺点在于它忽略了参数的非线性和不确定性，土体内部的应力应变的变化难以体现，只能在破坏瞬间研究破坏特征。第二种为数值分析法，数值分析法主要有变形介质边坡的有限单元法、节理化岩质边坡的离散单元法、快速拉格朗日法、块体介质不连续变形分析法、数值流形元方法。数值分析方法通过建立数学模型，使用合适的应力应变本构模型来模拟并求解坝体的应力应变特征值，给出坝体稳定性区域的位置和其他参数。与定量分析法相比，数值分析法的特点是它考虑了边坡岩土体的非均匀性和不连续性，可以给出岩土体的应力应变的大小及具体分布情况，有效地解决极限平衡分析法中将滑动体视为刚体这个问题。缺点在于对于求解大变形、位移不连续、应力集中等问题的精确度不能满足工程需求，无法明确指出潜在滑动面的精确位置和安全系数。

非确定性分析方法包括模糊数学理论、灰色系统理论、神经网络理论等，可用来解释边坡变形破坏过程和失稳方式并进行失稳时空预报等。使用该方法时需要获取详细的统计资料，通常详尽资料难以获取且影响因素的概率模型和参数的标准不统一。研究人员可将多种方法相互结合来研究边坡的稳定性。分析方法的合理使用，有利于更好地获取尾矿坝运行的状态资料，进一步提高计算得到的安全系数的可靠性。

2.2 尾矿坝稳定性影响因素分析

研究人员常用安全系数来确定尾矿坝安全稳定性。《尾矿库安全技术规程》（GB 39496—2020）[1]中明确规定了尾矿坝坝坡抗滑稳定最小安全系数值，此安全系数基于瑞典圆弧法计算得出（见表 2.1），当计算得出的最小安全系数能够满足表中要求时，可认为坝体处于稳定状态。

表 2.1 坝坡抗滑稳定最小安全系数[1]

运行情况	坝的级别			
	1	2	3	4、5
正常运行	1.3	1.25	1.2	1.15
洪水运行	1.2	1.15	1.1	1.05
特殊运行	1.1	1.05	1.02	1

尾矿库坝体绝大部分采用尾矿堆积的方式建筑成坝，尾矿堆积坝的安全稳定的影响因素种类较多，大概可划分为内在因素和外在因素。内在因素包括堆积尾矿颗粒的粒径和组成、尾矿堆积坝坡度、堆积坝高度、筑坝方式（尾矿冲积分层情况）；外在因素包括坝体浸润线的位置、干滩长度、周边工程地质条件，以及大气降雨、降雪、洪水、地震等突发的自然现象等。

尾矿颗粒的粒径和组成对坝体稳定性的影响：魏作安等人曾研究细粒尾矿的物理力学特性，包括尾矿颗粒在堆积坝体中的沉积规律；并利用数值模拟技术模拟了已建立的细粒尾矿堆积坝物理模型，实验表明尾矿的颗粒越细，其力学性能降低越明显。主要表现在内摩擦角和凝聚力上，尾矿颗粒之间的胶结力弱，对尾矿坝安全稳定极为不利[6]。需采取物理加固法（如加筋梯田法）对细粒尾矿坝进行加固，还可添加土工合成材料增加细粒尾矿颗粒之间的胶结力，使细颗粒变成粗颗粒，提高坝体稳定性。

浸润线的高低对坝体稳定性的影响：浸润线是影响尾矿坝安全稳定的一个极为重要的因素。从瑞典圆弧法和毕肖普法的计算公式可知道坝体浸润线位置直接影响坝体安全系数[7]。大量学者研究了浸润线位置和安全系数之间的关系，得到结论为，当浸润线水位相差 1m 时，安全稳定性系数会下降 0.05 甚至更多。因此对尾矿坝进行安全稳定分析、合理预测浸润线位置是非常重要的工作。在尾矿坝运行过程中，利用有效的防渗排水设施降低浸润线的位置有利于长久保护尾矿坝的安全运行。王飞跃等人[8]系统分析了浸润线影响因素，并建立了浸润线叠加影响函数，归纳出与尾矿坝坝体特征相关的阶段影响因子。影响尾矿坝的浸润线位置的主要因素包括尾矿的渗透特性、初期坝坝型、库水位、堆积坝特征、坝基透水性、沉积滩的坡度和尾矿的分层情况等。

尾矿堆积坝坡度对坝体稳定性的影响：研究表明，坝坡坡度不宜过缓或者过陡。在合理的范围内，尾矿坝的安全稳定性系数随着坡度的减小而变大，但也意味着需要较多的筑坝材料。当坝坡太缓，由于浸润线与坝坡坡面的距离缩小，浸润线可能会出现溢出坝面问题，对坝体安全危害更大。因此，在尾矿坝建造过程中，在确保足够的安全系数下，需合理平衡建筑材料和坡度之间的关系。此外，堆积坝堆积过程中，需要及时对边坡比进行检查。

堆积坝坝高对坝体稳定性的影响：尾矿坝的高度可以增加尾矿的存储量，但同时也增加了尾矿坝溃坝的风险性。笔者分析了世界上 300 多座溃坝尾矿坝的高度，如图 2.1 所示，得出以下结论：73% 的事故发生在坝体高度小于 30m 的尾矿库，只有 27% 的事故发生在 30m 以上的尾矿库。在美国，超过 30m 的尾矿坝发生破坏的概率很大，考虑到美国经济快速增长，这种现象是合理的。由图可知，大坝破坏主要发生在小于 45m 的大坝上。相关部门需要提高 45m 以下尾矿坝的建造要求，以确保中小型尾矿坝的安全。从统计数据可以发现，这些大坝大多数建于 50 年前，由于管理人员对小型尾矿坝和旧的尾矿缺乏管理，导致这类尾矿坝经常发生故障。

筑坝方式对坝体稳定性的影响：由世界上 300 多座溃坝尾矿坝的筑坝方式可知，使用上游施工方法建造的尾矿坝破损的概率最高（58%）。究其原因，多半是上游筑坝法形成的坝体结构复杂，其剖面呈现粗细相间的分层结构，坝体内常常夹杂着矿物质泥层，上下相邻两层渗透系数相差较大，工程实例表明上下层尾中砂与尾矿泥渗透系数相差 10^4，由于存在重力分选现象，尾矿类别由近及远呈现砂性尾矿变为粉性尾矿、黏性尾矿的现象。上游建造的尾矿坝需要较少的建筑

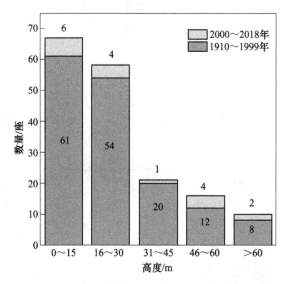

图 2.1　尾矿坝溃坝数量随高度的变化

材料，但它们的尾矿坝浸润线高且稳定性差。在尾矿坝建立之前，有必要全面评估地质条件和环境因素，在不良地质条件下，应选择安全的中线施工方法和下游施工方法来建造尾矿坝，减少上游筑坝法建造的尾矿坝数量。在南非和中国等国家，曾经发生过多起与异常降雨有关的尾矿坝故障，雨水丰富的国家应设计合适的排水系统，并选择稳定的中心线和下游施工筑坝技术。可靠的泄洪系统有利于处理库区内多余的水量，从而确保尾矿坝的安全稳定运行。在日本和智利等地震频发的国家，应充分考虑地震对尾矿坝的危害，需要对地基加固处理，以确保尾矿坝的安全运行。

　　干滩长度对坝体稳定性的影响：大量理论分析和工程实例说明，干滩长度对浸润线的影响显著。多位学者的研究表明[9]，当干滩长度较大，形成的自由水面线长而平坦，可有效降低上游浸润线，低水力坡降值有利于坝体的安全稳定，干滩长度会影响等势线的分布和自由水面线的高低。

2.3　尾矿坝坝体失稳研究

　　水是坝体变形研究与稳定性分析的决定性因素，水位过高使坝体的浸润线和尾矿的物理性能发生变化，在某些作用下（如地震作用）产生液化等现象，从而降低尾矿坝的稳定性。笔者总结了收集到的 300 多起尾矿坝溃坝事件的资料，并将溃坝原因分为五个方面：渗透破坏、地基失稳、洪水漫顶、地震作用及其他原因，表 2.2 总结了大型尾矿坝溃坝的实例，记录了尾矿坝溃坝发生的年份、地点、尾矿坝坝高、尾矿坝坝型和死亡人数等[10]。

表 2.2　尾矿库故障的基本信息

年份	地点	尾矿库	坝高/m	类型	原因	死亡人数
1928	智利	Barahona[11]	61	上游式	地震	54
1937	墨西哥	Dos Estrellas[12]	未知	上游式	渗透破坏	70
1948	加拿大	Kimberley[13]	未知	上游式	渗透破坏	未知
1962	中国	Huogudu[14]	未知	上游式	地基失稳	171
1966	保加利亚	Mirolubovka[15]	45	上游式	未知	488
1970	赞比亚	Mufulira[16]	50	未知	矿山塌陷	89
1972	美国	Buffalo Creek[17]	14~18	上游式	渗透破坏	125
1974	加拿大	GCOS[18]	61	上游式	渗透破坏	未知
1975	美国	Mike Horse[16]	18	上游式	洪水漫顶	未知
1978	津巴布韦	Arcturus[19]	25	上游式	洪水漫顶	1
1979	美国	Union Carbide[12]	43	上游式	渗透破坏	未知
1985	意大利	Stava[20]	29.5	上游式	渗透破坏	268
1985	中国	Chenzhou[21]	未知	上游式	洪水漫顶	49
1985	智利	Cerro Negro No.4[22]	40	上游式	地震	未知
1986	中国	Huangmeishan[12]	未知	上游式	渗透破坏	19
1988	中国	Lixi[9]	40	上游式	洪水漫顶	20
1991	加拿大	Sullivan[22]	21	上游式	渗透破坏	未知
1993	秘鲁	Marsa[23]	未知	上游式	洪水漫顶	6
1995	圭亚那	Omai[24]	44	未知	渗透破坏	未知
1996	玻利维亚	Porco[25]	未知	上游式	洪水漫顶	未知
1996	保加利亚	Sgurigrad[16]	45	上游式	渗透破坏	107
2000	罗马尼亚	Baia Mare and Baia Borsa[26]	7	下游式	洪水漫顶	未知
2004	加拿大	Pinchi Lake[27]	12	蓄水式	未知	未知
2009	俄罗斯	Karamken Tailing Plant[28]	20	未知	未知	1
2012	菲律宾	Padcal No.3[29]	未知	上游式	洪水漫顶	未知
2015	巴西	Fundão[30]	90	上游式	渗透破坏	19

2.3.1　尾矿坝破坏的主要形式

　　表 2.2 综合了研究人员汇编的有关尾矿坝破坏的信息[31]并对溃坝实例的关键信息进行总结。尽管已公开的数据无疑是有价值的，但它们并不完整，因为较小的尾矿坝溃坝事件非常普遍，它们未被科学文献和主流媒体报道。由于相关机构会担心产生不良效应和法律后果，许多溃坝的案例都未进行报道。在整个矿山

开采过程中，保持尾矿坝的安全稳定是最艰巨的任务。图 2.2 所示为近 100 年来尾矿坝数量与溃坝原因之间的关系。Rico 学者将尾矿坝破裂的原因分为 11 类[23]，即渗流或管道、地基破坏、覆顶、地震液化（地震）、地陷、异常降雨、融雪、结构、边坡失稳、维护和未知原因；但是很多事故由多种原因共同作用的结果，且此分类包含一些重叠的部分。尾矿库中的应力场和渗流场的变化，导致大坝失稳。图 2.2 总结出导致尾矿坝破坏的主要原因，渗透破坏、地基破坏、洪水漫顶、地震和其他因素事故的发生率分别为 21.6%、17.3%、20.6%、17.0% 和 23.5%。随着人为因素引起的气候变化，极端天气严重损害了尾矿坝的安全稳定性。

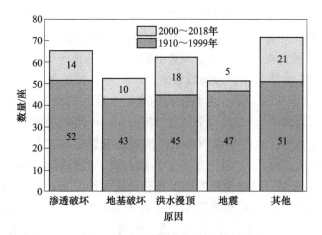

图 2.2　溃坝数量与原因的关系

2.3.2　渗透破坏

由于尾矿坝是透水坝，因此其稳定性受渗流场的影响很大。渗流场的精准预测对尾矿坝的安全稳定研究尤为重要。关于尾矿库渗流场的研究方法主要包括理论方法、模型试验方法和数值模拟方法。浸润线以下的尾矿固结速度慢，且接近饱和的尾矿增加了大坝的重量，降低了抗剪强度和有效应力。此外，暴雨、洪水和排水设施的故障常导致尾矿坝中的浸润线上升，进而引起渗流破坏。当满足渗透引起的变形条件时，尾矿坝会发生管涌，从而尾矿的渗透性增强，剪切强度和变形模量降低，尾矿库的内部产生裂缝、局部产生坍塌；此外，尾矿颗粒间的有效应力降低，颗粒群会发生悬浮、移动，导致坝坡处会发生流土现象，导致尾矿坝溃坝。

1985 年，意大利北部 Stava 附近的一座尾矿库倒塌，造成 268 人丧生，并造成重大经济损失。上下游尾矿坝的破坏导致大约 24 万立方米的液化尾矿释放[32]。尾矿坝破裂时，上层坝高 34m，下层坝高 25m。上游尾矿坝发生故障导致两个尾矿坝同时发生故障[33]。造成尾矿坝倒塌的原因有以下几个方面：（1）由于水位的升高，上游尾矿坝的堤防受到了部分破坏；（2）退化和液化的沙质淤泥是路堤的主要组成部分；（3）路堤后面的淤泥导致排水不畅，使大坝的浸润线过高，并发生了管涌效应；（4）尾矿坝上游坝坡坡度的水平与垂直之比在1.2~1.5之间，毫无疑问，这样的设计存在科学问题。1994年，圭亚那的Omai尾矿坝由于内部侵蚀而倒塌，导致污水排放到附近的河流中。这起事件造成了严重的环境破坏，所报道的新闻和真实破坏有很大出入[34]。从岩土力学角度来看，因为大坝本身没有受到物理破坏，在管道回填过程中，管道被重型设备压碎了两次，尽管及时维修了管道，但严重影响了尾矿坝中管道的安全稳定；此外，管道中未添加防渗环。Omai大坝溃坝事件说明了以下事实：如果尾矿坝正在建设中没有足够的防渗保护或在铺设的管道周围布置足够的过滤器，大坝的失败是不可避免的。Omai大坝的溃坝不是复杂因素引起的，而是由于管道的过滤能力有限，导致尾矿坝的排水性能较差、浸润线较高。2000年，位于罗马尼亚的Aurul尾矿坝泄漏了10万立方米的泥浆，含氰化物的尾矿水流入周围的河流。原因是尾矿库周围的大坝有裂缝[35]。大约一个月后，Novat Rosu尾矿库的库水位由于暴雨和积雪融化而迅速上升，大雪和融雪导致浸润线上升影响尾矿坝的稳定性，最终，大坝之间的距离为25m[36]。经过专家的详细调查，他们得出该事故的主要原因有两个：（1）主管部门同意使用的尾矿管理设施设计不当；（2）专业人员短缺，缺乏对尾矿坝的安全状态的检测工作[26]。尾矿坝的破裂证实了尾矿库在运行过程中的存储容量必须满足要求，也就是说，所储存的尾矿数量应基于设计标准。

2.3.3　地基破坏

基础破坏，即尾矿坝破坏的坝基破坏导致大坝破坏。历史数据表明，基础破坏是尾矿蓄水破坏的常见原因。基础的渗透性是大坝结构本身稳定性的一个重要限制因素。渗透性差的地基材料会导致基础上的孔隙压力和剪应力增加[37]。滑坡的发生是一个渐进的过程，在此过程中，边坡经历裂缝的产生、扩展和连接，位移不断增加，直到发生滑坡，潜在的滑动面被合并，滑坡的根本原因是剪切应力集中，具有强透水性的基础材料触发地基结构中的管道作用。选择大坝基础位置时应仔细考虑周围的水文和地质环境。尾矿坝坝基的不稳定性通常是由不详细的地质调查或设计错误引起的。地基处理的详细地质数据可以有效地防止大坝基础失稳。

Los Frailes尾矿坝位于西班牙南部，于1998年倒塌，导致堆石坝向前滑动并释放了130万立方米的黄铁矿细尾矿和550万立方米的尾矿水。尾矿的沉积严重污染了河流和周围的居民区。经研究人员发现，对地质环境的不当调查是导致溃坝的主要原因。Los Frailes尾矿坝位于瓜达尔基维尔盆地，主要沉积有碳酸盐高塑性黏土，而在设计尾矿坝时，没有考虑泥灰的厚度和抗渗性，并且水从泥灰层中流出的速度很慢。专家得出结论，黏土的孔隙压力增加，有效应力减小，随着时间的推移导致应变减少，使得沿断裂面的剪切强度逐渐下降，最终导致下游滑动。专家解释说大坝下方的 14m 蓝色黏土层向侧面移动了 60m[38]，地基滑动面全长约 600m，大坝的中心位置距滑动位置 40~55m。在滑动破坏过程中，坝体基本没有表现出明显的变形，类似于刚体滑动。研究人员详细分析了尾矿库的大坝破坏特征，并用强度折减法与极限平衡法阐述了机理。Los Frailes 尾矿坝的溃坝可以为地基复杂或地基较差的尾矿坝提供经验和教训。2014 年，加拿大的 Mount Polley 尾矿坝溃坝，向湖盆中排放了约 2500 万立方米的尾矿和尾矿液[39]。该事件的影响极为严重，尾矿中含有大量的金属污染物。专家们提出了以下三个原因，并进行了详细描述：（1）对水文和地质条件的分析不足，即尾矿坝位于较弱的冰川湖层面上，大坝施加的载荷超过了大坝地基材料的承载力，从而对大坝地基材料造成剪切破坏。设计者没有考虑到尾矿坝在堆放时会增加地基的负荷这一原因，从而使薄弱的冰川层不稳定，导致尾矿水从裂口流出，造成大坝倒塌[40]。（2）设计不足：设计者未考虑当地的水文气象条件，路堤坡度过于陡峭，为 1.3∶1。尾矿滩的宽度小于 10m，设计者在设计尾矿坝方面缺乏足够的知识，没有考虑洪水等极端恶劣条件。

2.3.4 洪水漫顶

尾矿库大多位于山区附近，暴雨期间，水库中的水位会在短时间内上升；另外，如果大坝的渗透性差，雨水以极慢的速度排出，会导致洪水漫顶，严重影响大坝的稳定性，所以最初建造的尾矿坝应具有良好的渗透性。历史上一些重大的尾矿坝溃坝与洪水有关。尾矿坝的溃坝过程可以在时间和空间上分为三个阶段：（1）尾矿坝在不利条件下开始失稳；（2）在尾矿坝失稳期间，尾矿砂与水相互作用，形成高能泥石流；（3）具有高势能的泥石流向下游移动。在尾矿坝溃坝过程中，尾矿坝可能会塌陷和失稳，会导致上述三个阶段重复发生，并且时间相互交叉，从而使溃坝过程更加复杂。当洪水顶流过尾矿坝的坡度时，流入的水流强度大于尾矿砂的渗透强度，并在坝体表面形成径流；径流在尾矿坝表面形成沟槽，形成水力侵蚀；发生洪水漫顶情况后，部分水会渗入尾矿坝，导致尾矿砂饱和，增加尾矿坝的自重，并造成重力侵蚀；同时，尾矿砂的饱和，会降低尾矿砂的强度，进一步降低尾矿坝的稳定性[41]。

1994 年，南非的 Merriespruit 尾矿坝溃坝，释放了 60 万立方米的尾矿和 9 万立方米的尾矿水。几个小时的雷阵雨过后尾矿坝破裂，值得一提的是，该尾矿库基本上是上游结构，干滩长度短、水库面积小。当洪水水流流量大于尾矿初始流动流量时，尾矿坝会继续产生向下和双边侵蚀，水力侵蚀使尾矿坝的裂口扩大、坡度变陡，导致尾矿坝局部彻底塌陷。Wagener 基于溃坝目击者的信息，给出了

Merriespruit 尾矿坝破坏的假想图, 如图 2.3 所示。大坝在遭受洪水初期, 溃坝过程可分为以下 5 个步骤:(1)暴雨过后在尾矿坝上出现一个小沟壑;(2)下坡的尾矿受到侵蚀;(3)下坡的局部失稳(支护结构);(4)尾矿库水位升高, 洪水侵蚀尾矿坝;(5)中心斜坡的局部失稳, 将被破坏的材料冲走。大坝在遭受洪水后期, 溃坝过程可分为以下 3 个步骤:(1)侵蚀后, 尾矿坝坡度总体上开始变得不稳定, 尾水砂被水冲走;(2)尾矿坝的边坡持续不稳定, 并剥去了尾砂;(3)大量的尾矿流动使边坡不稳定。

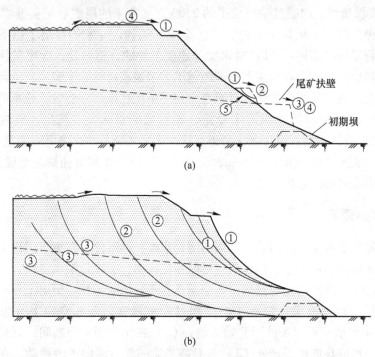

图 2.3　尾矿坝溃坝顺序
(a)洪水漫顶初期;(b)洪水漫顶后期

　　2010 年 9 月, 我国广东省紫金尾矿坝倒塌。该事件造成直接经济损失约 4.6 亿元, 造成 22 人死亡、6370 栋房屋受损。受影响的农作物面积达 72.6km^2[42]。尾矿坝倒塌的原因是由于"凡亚比"台风带来的大雨, 采矿部门对尾矿库疏于管理。尾矿坝破坏的主要原因是尾矿库排水井进口高度不符合既定标准, 尾矿坝的管理和运行不符合规定。大坝倒塌的间接原因是尾矿库设计的水文地质参数不合适, 导致尾矿库大坝的防洪标准较低。设计、监督和施工部门的疏忽也导致了这一事件。尾矿坝破裂的另一个原因是缺乏对尾矿坝设施的有效管理, 这是影响尾矿坝安全和稳定的关键因素。有效管理矿山尾矿不仅包括控制环境影响, 而且还需要遵守相应的法律文件。

2.3.5 地震作用

影响尾矿液化的主要因素是尾矿的组成、形状、大小、等级、排列、紧密度，浸润线深度和地震强度[43]。国内对尾矿坝的地震反应和破坏机理的研究较少。目前一个被学者接受的观点认为尾矿坝的堆放材料较为疏松，地表以下的尾矿坝体为饱和砂土，在地震荷载作用下，坝体的材料会发生振动液化现象。由于土壤特性的不均匀性和整个坝体的孔隙压力发展不一致，液化从局部区域开始，局部液化导致发生应力和变形，非液化土壤孔隙压力和强度降低，最终导致大坝破坏。在尾矿坝滑坡破坏之前，坝体的内部应力会因水流滑移而扩散，内部可能会形成较大的薄弱层；随着地震荷载和液化的增加，薄弱层最终渗透，直到尾矿坝丧失稳定[44]。当尾矿坝中开始出现液化时，很容易形成裂隙渗漏通道并引起局部塌陷，地震会增加大坝的滑动力或扭矩，导致其滑动和破裂。

1965 年，智利 El Cobre 铜矿的两个尾矿坝坍塌，并向下游山谷释放了 230 万立方米的尾矿水，摧毁 El Cobre 小镇，造成 200 多人死亡。尾矿坝的破坏主要是由地震液化和渗透破坏引起的。大部分破坏事件与使用上游方法建造的尾矿坝有关，以下 5 个主要因素导致了该智利尾矿坝的失稳：（1）尾矿坝的施工方法；（2）压实度低；（3）尾矿颗粒细；（4）尾矿砂的高饱和度；（5）设计时没有按照标准设计大坝。

2011 年日本东部发生地震，Kayakari 大坝由于尾矿材料发生液化，释放出了大量黏土，对下游的环境造成了严重破坏。研究表明，液化导致尾矿坝的安全系数大大降低。此外，坝体的建造方法、尾矿的粒径以及地震的强度都会影响地震过程中尾矿坝的稳定性。这次地震造成尾矿坝溃坝的原因如下：（1）尾矿库自身的堆积材料强度较差，无法抵抗地震产生的附加力；（2）较细的尾矿颗粒具有较低的可塑性，且易于液化；（3）山体与坝体的接触面没有得到很好的保护，地下水渗入库区；（4）工作人员忽略了对小型尾矿库的监管与保护。

2.4 尾矿坝溃坝研究的一般结论

笔者尽可能收集了有关大型尾矿坝溃坝的基本信息，包括位置、溃坝原因、筑坝方式、坝高等参数，得出以下几点结论：

由图 2.4 可以看出，尾矿坝的破坏数量十年来一直保持相对较高的水平。从 20 世纪初到 60 年代，尾矿坝溃坝的次数很少，而且发生的地点主要集中在美国、智利和其他国家。智利拥有丰富的矿产资源，并且早已开始开采矿产资源。智利位于板块交界处，常发生大型地震；另外，智利对尾矿坝的建设要求低，导致尾矿坝易发生故障。在过去的 60 年中，随着工业的快速发展，尾矿坝的数量逐渐增加，但检查和维护没得到保障。尾矿坝的不合理处置造成每年约 3~4 个大型尾矿坝倒塌，对生态环境和生命安全造成不可逆转的破坏。尾矿坝溃坝事件通常发生在经济发展迅速的发展中国家（例如巴西、智利和中国）。在接下来的几十年中，较高概率的尾矿坝破坏现象将继续存在。为了解决这个问题，国家有必要提高尾矿坝的施工规范，加强尾矿坝的安全管理。在工业发展的过程中，还必须确保工程安全和保护环境。

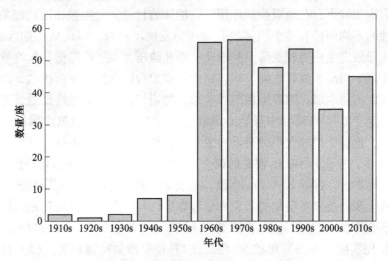

图 2.4　溃坝数量随时间变化的关系

由图 2.5 和图 2.6 可以看出，尾矿坝溃坝事故多发生在北美（43%）。在北美，事故最多的国家是美国（37%）和加拿大（6%）。与北美相比，南美、亚洲和欧洲的事故比例相对较低。在南美，智利、巴西和秘鲁的尾矿坝事故非常严重；在亚洲，中国和日本也是尾矿坝事故频发的国家；在欧洲，英国的尾矿坝溃坝数量最高。上述情况与经济发展是一致的，发达国家的大多数尾矿坝溃坝发生在 21 世纪之前，这与经济的快速发展时期相对应，例如美国、英国、加拿大；

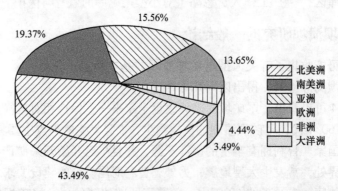

图 2.5　尾矿坝溃坝事故（总数 315）分布区域（按洲划分）

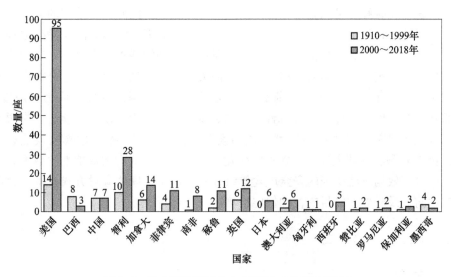

图 2.6 尾矿坝溃坝事故分布区域（按国家划分）

相反，发展中国家的尾矿坝溃坝大都发生在 21 世纪以后。巴西、中国和智利等发展中国家在发展经济的同时，还必须重视对尾矿库的安全管理，提高尾矿坝的安全性和稳定性；同时还必须改善尾矿坝的建设标准，发展中国家可以借鉴发达国家尾矿坝的最新建筑标准。

2.5 本章小结

本章首先介绍了尾矿坝稳定性分析方法，倾向于将尾矿坝作为边坡研究，其研究方法可分为三类，分别是定性分析方法、定量分析方法、非确定性分析方法。每个方法都有其局限性，对于重要工程，需要多种方法相结合，从而提高分析的可靠性。其次进行了尾矿坝稳定性影响因素分析，可划分为内在因素和外在因素，并简要介绍了各主要因素对尾矿库稳定性的影响。

本章以目前尾矿坝数据和溃坝实例为例，简要分析了多个国家的尾矿坝破坏实例。主要分析了尾矿坝坝体失稳的原因和机理，其破坏原因主要可分为渗透破坏、地基破坏、洪水漫顶、地震和其他因素，并给出针对尾矿坝的安全性和稳定性的一般性结论。结果表明，尾矿坝的溃坝往往不是单因素造成，而是多个因素共同影响的结果。关于尾矿坝安全破坏的模型实验或者理论研究，还需要进行多因素耦合分析。

如本章所述，尽管许多事故与自然事件有关，例如大雨和地震，但也存在技术性缺陷，例如洪水漫顶和渗水。但是，尾矿坝附近建筑质量差的建筑物和人类活动可能会导致沉降，可以通过对其进行监控从而达到有效控制。多项研究表明，及时有效地管理尾矿库设施，监控危害尾矿坝安全性和稳定性的因素，及时发现问题并及时修复可以有效降低事故发生的可能性。此外，尾矿坝的完整性取决于良好的设计和维护，除了地震或大风暴引发的故障，大多数故障发生之前都有前兆，因此，良好的维护方案是有效的尾矿库管理的基本要求之一，其中重要组成部分是确定一个全面的监测方案。运用大坝安全监测理论，通过分析有限的荷载集（如水压力、温度）和荷载效应集（如变形、裂缝开度、应力、应变）的监测数据，借用多种方法（统计学方法、灰色系统理论、模糊数学法、有限元法）建立多种模型（如统计模型、预测模型、监控模型、确定性模型及混合模型）能有效预测后期大坝主要因素的变化，通过与合理的大坝日常维护数据相结合，可以有效划分尾矿坝的安全风险等级并及时制定合理的应对方式，从而达到提前预防、及时处理的目的，确保尾矿坝的安全运行。

参 考 文 献

[1] 国家市场监督管理总局. GB 39496—2020 尾矿库安全技术规程 [S].

[2] 中华人民共和国住房和城乡建设部. GB 50863—2013 尾矿设施设计规范 [S]. 北京：中国计划出版社，2013.

[3] 李全明，张红，李钢. 中国与加拿大尾矿库安全管理对比分析 [J]. 中国矿业，2017，26 (1)：21~24, 48.

[4] Reid C, Valérie Bécaert, Aubertin M, et al. Life cycle assessment of mine tailings management in Canada [J]. Journal of Cleaner Production, 2009, 17 (4)：471~479.

[5] 杨天鸿，张锋春，于庆磊，等. 露天矿高陡边坡稳定性研究现状及发展趋势 [J]. 岩土力学，2011，32 (5)：1437~1451.

[6] 魏作安. 细粒尾矿及其堆坝稳定性研究 [D]. 重庆：重庆大学，2004.

[7] 郭振世. 高堆尾矿坝稳定控制及环境保护技术 [M]. 郑州：黄河水利出版社，2010.

[8] 王飞跃. 基于不确定性理论的尾矿坝稳定性分析及综合评价研究 [D]. 长沙：中南大学，2009.

[9] Zhang C, Chai J, Cao J, et al. Numerical simulation of seepage and stability of tailings dams：A case study in Lixi, China [J]. Water, 2020, 12：742.

[10] Lyu Z, Chai J, Xu Z. et al. A comprehensive review on reasons for tailings dam failures based on case history [J]. Advances in Civil Engineering, 2019：4159306.

[11] Dobry R, Alvarez L. Closure of Seismic failures of chilean tailings dams [J]. Journal of Soil Mechanics and Foundations Div, 1969, 95 (6)：1521~1526.

[12] Davies M, Martin T, Lighthall P. Mine tailings dams：when things go wrong [J]. Tailings Dams, 2000：261~273.

[13] Robinson K, Toland G. Case histories of different seepage problems for nine tailings dams [J]. Mine Drainage, 1979：781~800.

[14] Wei Z, Yin G, Wang J G, et al. Design, construction and management of tailings storage fa-

cilities for surface disposal in China: case studies of failures [J]. Waste management and research, 2013, 31 (1): 106~112.

[15] Wood H. Disasters and Minewater [M]. London, UK: IWA Publishing, 2012.

[16] Toland G C. Case History of Failure and Reconstruction of the Mike Horse Tailings Dam Near Lincoln, Montana [C] //Processdings of The Annual Engineering Geology and soils Engineering Symposium, 15th, 1977.

[17] Mary C Grace, Bonnie L Green, Jacob D Lindy, et al. The Buffalo Creek Disaster [M]. US: Springer, 1993.

[18] Mittal H K, Hardy R M. Geotechnical Aspects of a Tar Sand Tailings Dyke [C] //Geotechnical Practice for Disposal of Solid Waste Materials, ASCE, 2014.

[19] Shakesby R A, Whitlow J R. Failure of a mine waste dump in Zimbabwe: Causes and consequences [J]. Environmental Geology & Water Sciences, 1991, 18 (2): 143~153.

[20] Alexander D. Northern Italian dam failure and mudflow, July 1985 [J]. Disasters, 2007, 10 (1): 3~7.

[21] Castro G, Troncoso J H. Seismic behavior of three tailings dams during the March 3, 1985 Earthquake [C] //5th Chilean Conference on Seismology and Earthquake Engineering, Chile, 1989.

[22] Davies M P, Chin B G, Dawson B G. Static liquefaction slump of mine tailings—a case history [C] // Proceedings, 51st Canadian Geotechnical Conference, Canada, 1998.

[23] Rico M, Benito G, Díez-Herrero A. Floods from tailings dam failures [J]. Journal of Hazardous Materials, 2008, 154 (1~3): 79~87.

[24] Vick S G. Planning, Design, and Analysis of Tailings Dams [M]. New York: Wiley, 1983.

[25] Kossoff D, Dubbin W E, Alfredsson M, et al. Mine tailings dams: Characteristics, failure, environmental impacts, and remediation [J]. Applied Geochemistry, 2014, 51: 229~245.

[26] Macklin M G, Brewer P A, Balteanu D, et al. The long-term fate and environmental significance of contaminant metals released by the January and March 2000 mining tailings dam failures in Maramureş County, upper Tisa Basin, Romania [J]. Applied Geochemistry, 2003, 18 (2): 241~257.

[27] Engels J E, Dixon-Hardy D W. Tailings Info [OL]. [2012-11-21] http://www. tailings. info.

[28] Glotov V E, Jiri C, Glotova L P, et al. Causes and environmental impact of the gold-tailings dam failure at Karamken, the Russian Far East [J]. Engineering Geology, 2018: S0013795218300462.

[29] Petticrew E L, Albers S J, Baldwin S A, et al. The impact of a catastrophic mine tailings impoundment spill into one of North Americas largest fjord lakes: Quesnel Lake, British Columbia, Canada [J]. Geophysical Research Letters, 2015, 42 (9): 3347~3355.

[30] Flávio F C, Luciana H, Rogério T, et al. Fundão tailings dam failures: the environment tragedy of the largest technological disaster of Brazilian mining in global context [J]. Perspectives in Ecology and Conservation, 2017, 15 (3): 145~151.

[31] ICOLD. Tailings Dams—risk of dangerous occurrences, lessons learnt from practical experiences

[C] //United Nations Environmental Programme (UNEP), Division of Technology, Industry and Economics (DTIE) and International Commission on Large Dams (ICOLD), Paris, France, Bulletin, 2001.

[32] Tosatti G, Chandler R J. The Stava Tailings Dams Failure, Italy, July 1985 [J]. Proceedings of the Ice Geotechnical Engineering, 1995, 113 (2): 67~79.

[33] Carrera A, Coop M R, Lancellotta R. Influence of grading on the mechanical behaviour of stava tailings [J]. Géotechnique, 2011, 61 (11): 935~946.

[34] Haile J P. Discussion on the failure of the Omai tailings dam [J]. Geotechnical News, 1997, 15: 44~49.

[35] Bird G, Brewer P A, Macklin M G, et al. River system recovery following the Nova-Rou tailings dam failure, Maramure County, Romania [J]. Applied Geochemistry, 2008, 23 (12): 3498~3518.

[36] Ciszewski D, Grygar T M. A Review of Flood-Related Storage and Remobilization of Heavy Metal Pollutants in River Systems [J]. Water, Air, and Soil Pollution, 2016, 227 (7): 239.1~239.19.

[37] Ozer A T, Bromwell L G. Stability assessment of an earth dam on silt/clay tailings foundation: A case study [J]. Engineering Geology, 2012, 151: 89~99.

[38] Manzano M, Ayora C, Domenech C, et al. The impact of the Aznalcóllar mine tailing spill on groundwater [J]. Science of the Total Environment, 1999, 242 (1~3): 189.

[39] Cuervo V, Burge L, Beaugrand H, et al. Downstream geomorphic response of the 2014 Mount Polley tailings dam failure, British Columbia [M]. Switzerland, Springer: 2017: 281~289.

[40] Schoenberger E. Environmentally sustainable mining: The case of tailings storage facilities [J]. Resources Policy, 2016, 49: 119~128.

[41] 张力霆. 尾矿库溃坝研究综述 [J]. 水利学报, 2013, 44 (5): 594~600.

[42] Miao X, Tang Y, Wong C W Y, et al. The latent causal chain of industrial water pollution in China [J]. Environmental Pollution, 2015, 196: 473~477.

[43] 王文松. 地震作用下高堆尾矿坝动力稳定性研究 [D]. 重庆: 重庆大学, 2017.

[44] Psarropoulos P N, Tsompanakis Y. Stability of tailings dams under static and seismic loading [J]. Canadian Geotechnical Journal, 2008, 45 (5): 663~675.

3 鱼祖乍尾矿库工程概况

3.1 工程背景

鱼祖乍尾矿库为大姚铜矿所有。大姚铜矿位于云南省楚雄州大姚县六苴镇,矿区距大姚县城 20km,始建于 1966 年,1976 年建成投产,原隶属于云南铜业集团,经过 27 年的开采和利用,矿区矿产资源储量经云南省国土资源厅认定属于资源濒临枯竭的,截至 2002 年 12 月 30 日,经审计该矿处于经营亏损、资不抵债、不能清偿到期债务的破产临界状况,经云南省人民政府审核同意后上报国务院批准,全国企业兼并破产和职工再就业领导小组将大姚铜矿列入 2003 年度关闭破产计划,于 2005 年关闭破产,六苴镇鱼祖乍尾矿库转由大姚县人民政府督促楚雄矿冶有限公司负责监管。

鱼祖乍尾矿库 1972 年由冶金部批准建设,由昆明有色冶金设计研究院设计,并由十四冶公司施工建成,1976 年 5 月 1 日正式投入使用。作为二等工程,尾矿库属于重大危险源。在尾矿库 33 年的运行工程中,尾矿库曾遭受了 1991 年"9·18"洪水险情,2003 年"7·21""10·16"两次 6.1 级地震破坏,2008 年"8·31"攀枝花会理 6.0 级地震破坏,2009 年"7·9"姚安 6.0 级地震破坏,造成尾矿坝、排洪设施受损,造成排水沟断裂,坝体局部坍塌、坝面裂纹、裂缝、跑沙漏浆等,尾矿输送吊桥桥架砼表面崩壳,桥面中度倾斜,截洪沟塌陷、排洪隧洞断裂、渗水、脱壳等;经历了 1995 年外坝面浸润线溢出,部分子坝严重沼泽化等。虽然该库已进行过多次隐患治理,但由于资金不足导致隐患治理不彻底。目前坝面排水沟及截洪沟和排洪隧洞存在尚未治理完毕的隐患,处于带病运行状态;同时坝体浸润线过高,部分坝面浸润线溢出,坝面发生局部坍塌、管涌,特别是坝体下部因浸润线溢出而出现坝体大面积软化情况,并有逐渐恶化的迹象。

根据工勘及现场实测资料,尾矿坝体内浸润线埋深仅 2~5m,同时由于选矿工艺的提升及井下粗颗粒尾矿充填影响,实际入库尾矿粒度较设计工况变细,尾矿坝坝体强度大大降低,尾矿坝存在较大安全隐患。2009 年 9 月昆明阳光安全科技工程有限公司对该尾矿坝进行了现状评价,发现尾矿库工程在安全上存在较大问题,并将该尾矿库定为病库。鱼祖乍尾矿库建于 1976 年,几十年来,几代人在此扎根落户,由于当时国家对尾矿库的建设、管理尚未有严格的规定,致使尾矿库下游的人文环境相对复杂,尾矿库下游河谷两岸 2km 范围内居住着 3600 余人，一旦尾矿库区发生超标准的洪水和地震情况，造成洪水漫坝、溃坝，库内储存的 1620 万立方米尾矿渣连同尾矿坝体一倾而下，将会形成巨大的泥石流，对下游人民的生命及财产安全造成难以估量的损失；同时，由于事故会造成下游河道的水污染及农田污染，对环境破坏是巨大的，还会造成严重的植被破坏和严重的水土流失等生态破坏问题。因此为保证尾矿库下游人民的生命及财产安全，避免尾矿库发生安全事故，实施鱼祖乍尾矿库隐患治理已经十分紧迫，刻不容缓。

设计单位根据鱼祖乍尾矿库隐患情况，拟通过对尾矿坝下游外坡采用废石贴片压护处理，于尾矿坝堆坝体内增设排渗设施降低堆坝体内浸润线，新建尾矿库左岸截洪沟，对出现渗水、裂缝、脱壳的隧洞进行灌浆，用环氧砂浆对脱壳点抹面进行修理等措施，消除尾矿库的安全隐患，保证尾矿坝的安全稳定和泄洪安全，确保尾矿库下游人民的生命及财产安全。因此，对鱼祖乍尾矿库存在的隐患采用工程措施进行根治是必须的，通过尾矿库安全隐患治理保证尾矿库安全运行，保证尾矿库下游人民的生命及财产安全。

大姚铜矿破产后，鱼祖乍尾矿库转由大姚县人民政府督促楚雄矿冶有限公司负责监管，由于金融危机的影响，该企业生产经营十分困难，处于亏损经营状态，企业无自有资金投入，为尽快完成该尾矿库的隐患治理工作，保证尾矿库的安全，保障尾矿库下游 3600 余人的生命财产安全，根据 2009 年 9 月国家发展和改革委员会办公厅及国家安全生产监督管理总局办公厅提出的《关于请组织申报尾矿库隐患综合治理项目的通知》（发改办环资〔2009〕1852 号），鱼祖乍尾矿库符合国家尾矿库隐患综合治理项目申报要求，所以该尾矿库的全部建设资金申请均由国家财政承担。

3.2　尾矿库工程概况

3.2.1　尾矿库的基本情况

鱼祖乍尾矿库库区标高在 1820～1945m 之间，原设计坝高 85m，库容 1116 万立方米，最终堆坝至 1911m 标高，充盈率 0.85。坝体采用上游法，按外坡比 1：5 堆筑。后因扩容要求，经有关单位勘察分析、稳定性研究以及增高扩容设计，于 2003 年通过审定，扩容增高 23m，最终堆积标高为 1934m，总坝高度近 110m，总库容 2494 万立方米。尾矿库等别为二等库，设计地震防烈度为 7 级，尾矿库防水标准为 1000 年一遇（$p=0.1\%$）洪水重现期。

鱼祖乍尾矿库工程由初期坝、堆积坝、库内排水系统（排水井管和排水隧洞）以及库外截洪沟组成。初期坝为透水堆石坝，坝底标高 1824m，坝顶标高 1850m，坝高 26m，坝顶宽度为 4.8m，坝顶长 60m，上游坝坡比为 1：1.5，下游坝坡比为 1：1.75。尾矿堆积坝堆高 84m，最终堆积至 1934m，堆坝平均外坡比

为 1∶5，每期子坝顶宽 4m、坝高 1.5m，上游坡比为 1∶1.25，下游坡比为
1∶2。

尾矿库排洪设施采用库内井、管、隧洞+库外截洪沟形式。其中 1 号、2 号、
5 号、6 号、7 号、8 号为框架式排水井，内径 3.0m，井间排水管 1 号、2 号间内
径为 1.5m，其余为 1.2m，3 号、4 号为窗口式排水井，内径 2.0m，库内排水管
全长 1600m，后段隧洞断面为 $B \times H = 1.5m \times 3m$ 的直墙圆拱，长 653m，坡度
1.53%；库外截洪沟断面为 $B \times H = 1m \times 1m$。

3.2.2　尾矿库现状

鱼祖乍尾矿库自 1976 年建成投入使用至今已达 33 年（2009 年），目前尾矿
坝共堆有 29 级子坝，坝顶标高 1922m，堆坝高 71m，总坝高 96m，堆坝顶长
760m，库内滩顶标高 1921m，干滩长 720m，库水位 1916.3m，已堆存库容 1620
万立方米，尚余库容约 870 万立方米，整个堆积坝外坡比为 1∶5~6，沉积滩平
均坡度 0.7%，坝体排渗水量旱季约 350m³/d，雨季约 770m³/d，入坝尾矿平均粒
径为 0.03mm。目前正在使用的排水井为 7 号排水井，相应最大调洪库容约
108.2 万立方米，8 号排水井尚未投入使用。坝体排渗系统，首次于 1995 年由武
勘院在 5→8、6→9 子坝建成 10 组水平孔-竖直井联合自流排渗系统，之后随着
子坝的不断堆积，在 14 子坝建成 6 组，24 子坝建成 59 组，27 子坝建成 19 组排
渗管。

尾矿平均每年以约 1.92m 的速度增高，采用内迭式（上游法）在滩面修筑
子坝，形成台阶状的坝体外坡，坡高不一，坝体外貌如图 3.1 所示。

图 3.1　尾矿坝外坡

　　根据实际需要，如图 3.2 所示，沿坝轴线方向选择三个主断面和一个辅助断面，三个断面的尾矿库区内尾矿颗粒分布情况。现堆积坝外坡坡度在高程 1850~1865m 为 1∶2.78；1865~1880m 由于后期采矿弃渣反压堆填，致使坡度变缓，为（1∶8）~（1∶9）；高程 1880m 至现干滩面高程 1920.5m 间为（1∶5）~（1∶5.26）。干滩坡度长期以来保持 10‰左右，干滩长度一般在 250~300m。通过对资料的整理和分析，采用有限元软件对各断面进行绘制，如图 3.3 所示。

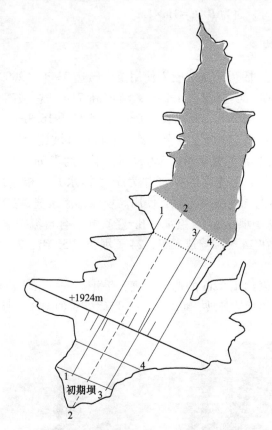

图 3.2　计算剖面的平面位置

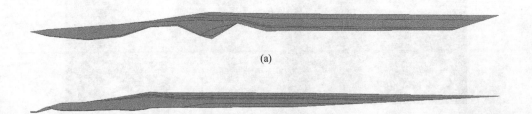

(a)

(b)

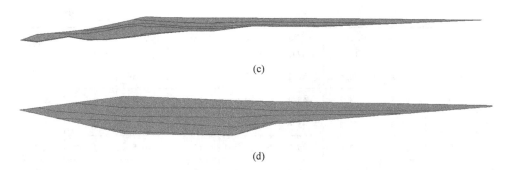

图 3.3 各断面材料分布图

（a）断面 1-1；（b）断面 2-2；（c）断面 3-3；（d）断面 4-4

3.3 尾矿物理力学与动力学特性

尾矿材料的工程力学及动力学特性不仅是尾矿料的基本特性，而且是尾矿坝稳定性分析、结构优化及日常安全管理的基础[1,2]。因此，为了保证尾矿坝稳定性分析成果可靠，尾矿库后期安全运行有据可依，必须对排放到尾矿库内的尾矿进行物理力学试验测试，这也是国家设计规范中要求的。本书以云南省大姚铜矿的尾矿为研究对象，通过人工配料对全尾矿、粗尾矿（堆坝）、细尾矿（干滩面）的物理力学及动力学特征进行测试与研究。一方面，可以为尾矿坝坝体稳定性分析和后期堆坝管理提供基础资料，另一方面也可丰富土力学的基础知识。

3.3.1 尾矿的物理特性测试

3.3.1.1 全尾矿颗粒组成

尾矿是矿石经磨碎的选矿弃物，呈粉细砂土状，通常以浆状形式从选厂排出，储存在尾矿库内；同时也是尾矿坝坝体的构筑材料。尾矿砂的颗粒组成决定了它的物理力学性质对坝体的稳定性也有很大影响[1,2]。

尾矿砂颗粒的组成测试所用试样是从大姚铜矿中试选厂车间排出的尾矿储存处的 6 个代表性地点采取的，>0.074mm 部分采用筛分法进行测试，≤0.074mm 部分则采用比重计法进行测试[3]，6 组试样的粒径组成测试结果见表 3.1，其粒组含量与粒径分布曲线如图 3.4 所示。

表 3.1 尾矿砂的粒径组成结果 （%）

粒径	1～0.25mm	0.25～0.125mm	0.125～0.106mm	0.106～0.074mm	0.074～0.037mm	0.037～0.018mm	0.018～0.01mm	0.01～0.005mm	<0.005mm
1	100.0	88.9	74.1	41.4	19.7	11.2	7.4	5.4	3.4
2	100.0	95.1	83.8	54.2	38.5	16.4	10.7	8.1	5.6

续表 3.1

粒径	1~0.25mm	0.25~0.125mm	0.125~0.106mm	0.106~0.074mm	0.074~0.037mm	0.037~0.018mm	0.018~0.01mm	0.01~0.005mm	<0.005mm
3	100.0	95.2	74.6	52.1	32.5	22.9	16.5	13.2	9.6
4	100.0	92.5	78.2	48.4	30.5	18.0	11.7	8.9	6.1
5	100.0	91.3	74.4	45.6	22.7	13.6	7.3	4.7	3.0
6	100.0	91.0	67.9	35.7	21.2	13.7	10.5	8.4	5.8
平均	100.0	92.3	75.5	46.2	27.5	16.0	10.7	8.1	5.6

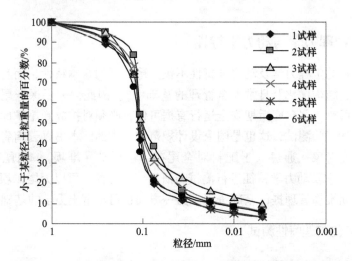

图 3.4　尾矿砂的颗粒级配曲线

　　经测试可知，尾矿砂的中值粒径 $d_{50} = 0.1 \sim 0.113mm$；$\geqslant 0.074mm$ 的颗粒含量不小于 62%；不均匀系数 $C_u = 3.691 \sim 20.969$，曲率系数 $C_c = 1.794 \sim 7.478$。结果表明，6 种试样中只有一种级配良好，其余 5 种级配不良。由此可见，该尾矿砂属于级配不良的尾细砂和尾粉砂土。

3.3.1.2　不同颗粒组成的尾矿材料的物理性质

　　以典型原尾矿砂为基础，按照上游法堆坝尾矿颗粒组成进行人工配比，以表 3.2 所示的控制条件，配制成 2 号全尾砂、1 号粗尾砂（堆坝尾矿）、3 号细尾砂三种试样进行物理性质测试，结果见表 3.3。经分析可知三种尾矿砂的密度满足 1 号粗尾砂<2 号全尾砂<3 号细尾砂，即颗粒由粗到细密度逐渐增大的规律。这主要是由于选矿磨碎程度不同，得到颗粒粗细不同的尾矿砂，尾矿砂颗粒越细，则矿石内孔隙释放越多、密度越大。

表 3.2　尾矿试样配置及制备控制要求

编号	颗粒级配		密度/g·cm⁻³	含水率/%	备注
	>0.074mm	≤0.074mm			
1 号	75%	25%	1.93~1.97	18.5~19.2	粗尾砂
2 号	全尾矿样，过 1mm 筛		1.90~1.95	17.9~18.7	全尾砂
3 号	8.3%	91.7%	1.88~1.89	18.5~20.5	细尾砂

表 3.3　三种尾矿砂的物理性质指标

编号	尾砂	颗粒级配		比重 G_s	密度 ρ /g·cm⁻³	含水率 w/%	干密度 ρ_d /g·cm⁻³	饱和密度 ρ_{sat}/g·cm⁻³	孔隙度 e	孔隙率 n/%	饱和度 S_r
1 号	粗尾砂	>0.074mm	=75%	3.04	1.95	20.3	1.64	2.10	0.854	46.1	67.3
		≤0.074mm	=25%								
2 号	全尾砂	>0.074mm	>25%	2.92	1.93	19.3	1.63	2.09	0.845	48.5	65.2
3 号	细尾砂	>0.074mm	=8.3%	3.01	1.95	19.4	1.58	2.04	0.846	45.8	67.3
		≤0.074mm	=91.7%								

3.3.2　尾矿的工程力学特性研究

尾矿的工程力学性质是定量分析尾矿坝稳定性的重要基础数据。本次试验按照《土工试验规程》（SL 237—1999）进行[3]。

3.3.2.1　尾矿的压缩性测试与分析

压缩性是尾矿材料一个非常重要的工程力学性质。本次试验采用低压固结仪按照标准固结方法进行，施加的最大竖向压力 ≥ 800kPa。试样利用规格为 φ61.8mm、H20mm 的环刀取样，每个样进行 3 组试验。试验结果如图 3.5 和表 3.4 所示。

从图 3.5 所示 e-p 曲线可以看出：（1）尾矿材料的空隙比为 1 号粗尾砂>2 号全尾砂>3 号细尾砂，满足尾矿砂的粗颗粒越多，其孔隙比越大的规律；（2）随着压力的增大，1 号粗尾砂压缩曲线变化速率比较平缓，2 号全尾砂压缩曲线速率较粗尾矿砂陡，而 3 号细尾砂压缩曲线变化速率最陡。三种尾矿砂的压缩性：1 号粗尾砂<2 号全尾砂<3 号细尾砂，即基本满足颗粒由粗到细，压缩性逐渐增大的规律。

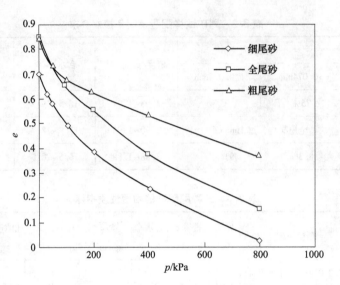

图 3.5　三种尾矿砂的 e-p 关系曲线

表 3.4　三种尾矿砂的压缩性指标

尾矿砂	1 号粗尾砂	2 号全尾砂	3 号细尾砂
压缩系数 $a_{1-2}/\mathrm{MPa^{-1}}$	0.161	0.281	0.298
压缩模量 $E_{S(1-2)}/\mathrm{MPa}$	11.696	6.689	6.192

　　从三种尾矿材料的压缩性指标结果（见表 3.4）可知：（1）三种尾矿砂的压缩系数均介于 $0.1 \sim 0.5\mathrm{MPa^{-1}}$ 之间，按照《岩土工程勘察规范》（GB 5001—2001）[4] 对土层压缩性分类可知，试样属于中压缩性土；（2）压缩模量 2 号全尾砂略大于 3 号细尾砂，而粗粒含量较多的 1 号粗尾砂远大于二者，抗压缩性能明显提高。

3.3.2.2　尾矿的渗透性测试与分析

　　尾矿材料的渗透性关系到尾矿坝的渗透稳定性问题。许多尾矿坝就是因为发生渗透变形而使尾矿坝稳定性条件变坏，造成垮坝事故。因此对尾矿料的渗透性研究是十分重要的。试验时选用 QYI-2 渗压仪进行变水头渗透试验，每组渗透试验采用规格为 $\phi 61.8\mathrm{mm}$、$H40\mathrm{mm}$ 的环刀取样，共进行 3 组试验。测试结果见表 3.5。

表 3.5　三种尾矿砂的渗透性系数

尾矿砂	全尾砂	粗尾砂	细尾砂
20℃时的渗透系数 $K_v/\mathrm{cm \cdot s^{-1}}$	3.86×10^{-5}	8.14×10^{-4}	6.61×10^{-4}

从表 3.5 可知，1 号粗尾砂>3 号细尾砂>2 号全尾砂，基本满足渗透系数随着尾矿粒径的变小而逐渐减小的趋势，且三组试样的渗透性均在 $3.86 \times 10^{-5} \sim 8.14 \times 10^{-4}$ cm/s 之间变化，对照规范，三种试样均为中等透水土层。从渗透性方面考虑，该试样有利于坝体的稳定。

由于尾矿砂的各向异性和非均匀性对尾矿的渗透性有很大的影响，若不对尾矿砂进行分选（如全尾砂），则尾矿砂中含有大量的尾矿泥，会使渗透系数变小[5]。正如试验结果表明，1 号全尾矿砂的渗透系数要比粗尾矿砂和细尾矿砂的渗透系数都小。因此，经旋流分选后可以减少粗尾砂中尾矿泥的含量，使尾矿堆积体的渗透性增强、浸润线降低、抗剪强度增大，从而提高坝体的稳定性。

3.3.2.3 尾矿的抗剪强度特性测试与分析

尾矿坝稳定性分析的可靠程度主要取决于各种土质强度指标的精确程度，因而获得精确的力学性质指标非常关键[6]。本次采用直接固结快剪试验和三轴剪切试验。

A 固结快剪试验（固结不排水剪）

试验采用二速电动等应变直剪仪[2]。每个尾矿样均进行 1 组试验，共进行了 3 组试验，每组试验分别取了 3~4 个样，试验时设定的法向压力分别为 100kPa、200kPa、300kPa 和 400kPa（高压），剪切速率设定为 0.8mm/min。试验得到三种尾矿的抗剪强度曲线如图 3.6 所示。

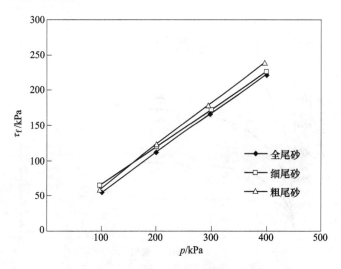

图 3.6 三种尾矿砂的抗剪强度曲线

根据库仑定律（C. A. Coulomb, 1776），黏性砂土的抗剪强度可以表示为：

$$\tau_f = c + \sigma \tan\varphi \tag{3.1}$$

式中，τ_f 为土的抗剪强度，kPa；c 为土的黏聚力，kPa；σ 为剪切面上的法向应力，kPa；φ 为土的内摩擦角，（°）。

分别对三种尾矿砂的抗剪强度曲线进行回归分析，得到近似曲线方程为

全尾砂：$\qquad\qquad \tau_f = 2.8116 + 0.6297\sigma$ $\qquad\qquad$ (3.2)

粗尾砂：$\qquad\qquad \tau_f = 3.1189 + 0.6694\sigma$ $\qquad\qquad$ (3.3)

细尾砂：$\qquad\qquad \tau_f = 13.658 + 0.6009\sigma$ $\qquad\qquad$ (3.4)

得到的三种尾矿的固结不排水剪切抗剪强度 c 和 φ 值见表 3.6。

表 3.6　三种尾矿砂强度指标

尾矿	固结不排水剪切试验		三轴试验（CU′试验）			
	c_{eq}/kPa	φ_{eq}/（°）	c_{CU}/kPa	φ_{CU}/（°）	c'/kPa	φ'/（°）
全尾砂	2.8	32.2	9.17	31.98	8.24	33.39
粗尾砂	3.1	33.8	8.49	33.42	3.82	34.79
细尾砂	13.7	31.0	4.69	33.07	7.62	33.29

B　固结不排水剪切试验（三轴试验（CU′试验））

试验采用应变式三轴剪力仪[5]。按照制备的 3 组砂样，每组取 4 个圆柱形试样；围压分别为 50kPa、100kPa、200kPa 和 300kPa；剪切速率为 0.276mm/min；采用轴向应变为 15% 作为破坏标准。图 3.7～图 3.9 所示分别为这次试验测试的尾矿样的应力-应变关系曲线。

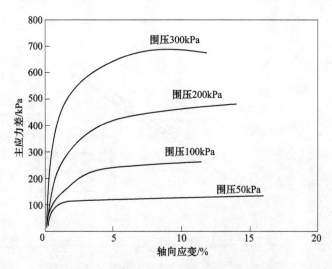

图 3.7　全尾砂主应力与轴向应变的关系曲线

由图 3.7 可知，全尾砂在轴向应变小于 5% 时，在开始阶段曲线呈近似线性，主应力差值随轴向应变的增长较快。但随着剪切过程中尾矿颗粒的不断调整、重

新排列，当轴向应变达到一定值后，主应力差值不再上升，说明尾矿颗粒的抗剪强度是有限的；另外，在整个试验过程中，全尾砂的剪胀性十分微弱，主要以剪缩性为主。

从图3.8可知，粗尾砂基本上处于正常压密状态，以剪缩性为主。

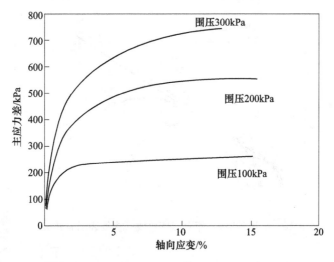

图3.8 粗尾砂主应力与轴向应变关系曲线

从图3.9可知，在应变较小时，细尾砂的主应力差值随着剪应变的增长速度比全尾砂和粗尾砂都要缓慢。当压力达到200kPa时，细尾砂表现为软化型，但随着围压的增加，当围压达到300kPa时，细尾砂又表现为硬化型。说明尾矿在剪切过程中颗粒逐渐被压碎，细颗粒增多，应力-应变关系曲线的软化特性逐渐

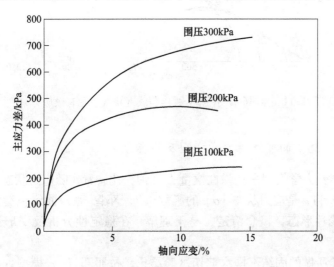

图3.9 细尾砂主应力与轴向应变关系曲线

消失。随着压力的增加，剪切使尾矿的结构变得更加紧密，因而抗剪强度提高，硬化特性逐渐呈现出来，使细尾砂表现为剪缩性。

图 3.10~图 3.12 所示为三种尾矿样的摩尔-库仑强度包络线，由图 3.10~图 3.12 通过摩尔-库仑强度包线可以求出三种试样的 c_{CU}、φ_{CU}、c'、φ' 值见表 3.6。

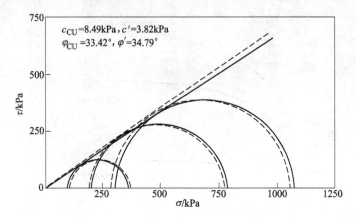

图 3.10　全尾砂摩尔-库仑强度包线（虚线表示有效应力）

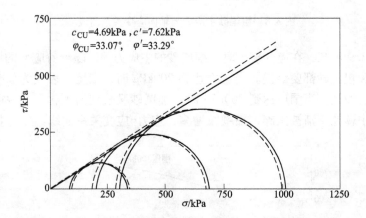

图 3.11　粗尾砂摩尔-库仑强度包线（虚线表示有效应力）

3.3.2.4　尾矿的非线性力学模型及指标分析

一般非线性力学模型是把弹性模量 E 和泊松比 ν 看作随应力状态变化而改变的变量，即 E 和 ν 是应力状态 $\{\sigma\}$ 的函数[7~9]。邓肯-张双曲线模型能较好地反映土体的非线性形态，概念清楚，易于理解，在稳定性分析及变形计算中应用较多[10]。

根据试验所做的固结不排水剪切试验结果，按照邓肯-张模型，整理试验资

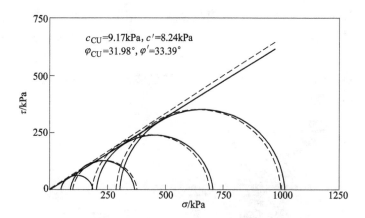

图 3.12 细尾砂摩尔-库仑强度包线（虚线表示有效应力）

料，分别绘出 $(\sigma_1 - \sigma_3)\text{-}\varepsilon_\alpha$、$\varepsilon_\alpha/(\sigma_1-\sigma_3)\text{-}\varepsilon_\alpha$、$\lg E_i\text{-}\lg\sigma_3$、$\varepsilon_a\text{-}\varepsilon_r$、$\varepsilon_r/\varepsilon_a\text{-}\varepsilon_r$、$u_i\text{-}\lg\sigma_3$、$\tau\text{-}\sigma$ 关系曲线，即可确定非线性 $E\text{-}B$ 模型和 $E\text{-}\mu$ 模型的八大参数值，即 K、n、R_f、c、φ、G、D、F。具体步骤可参考文献 [11]，最后得到尾矿样的非线性力学参数值见表 3.7。

表 3.7 邓肯-张模型参数

| 编号 | 尾砂 | 模量系数 | 模量指数 | 破坏比 | 泊松比参数 | | | 黏聚力 | 摩擦角 |
		K	n	R_f	G	F	D	c/kPa	φ/(°)
1 号	粗尾砂	289.7	0.520	0.924	0.500	0.000	2.343	3.82	34.79
2 号	全尾砂	225.6	0.942	0.930	0.502	0.030	2.625	8.24	33.39
3 号	细尾砂	168.2	0.888	0.879	0.611	0.245	3.597	7.62	33.29

3.3.3 尾矿动力特性研究

尾矿材料作为一种特殊的人工土，未经风化和变质作用，与通常的黏土类等相比具有很大的特殊性，在地震动荷载作用下很容易发生液化和破坏性变形[12]。国内外对尾砂材料的动力特性研究比较少，可参考的资料非常有限，而影响尾矿动力特性的因素较多，进一步增加了对尾矿料研究的难度[12~15]。

本试验主要侧重于对上游法堆坝工艺涉及的三种不同颗粒组成的尾矿的动力特性进行研究，目的是保证强地震地区尾矿坝的安全可靠。

3.3.3.1 试验仪器及方法

A 试验仪器

本次动力试验采用了北京新技术应用研究所研制的 DDS-70 型电磁式微机控

制的振动三轴仪（见图 3.13），以应力控制式固结不排水单向激振常侧压振动三轴试验方法进行三种尾矿砂的动强度试验和动弹模试验。该仪器由主机、电控系统、静压控制系统和微机系统等组成。该仪器具有自动化程度高、操作简单、结果可靠的特点，能够自动控制试验过程并通过微机对试验数据进行计算和处理。其主要技术参数见表 3.8。

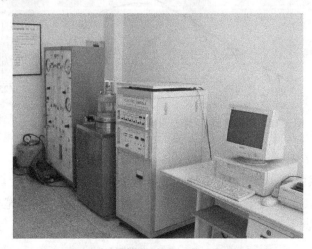

图 3.13   DDS-70 电磁式微机控制式振动三轴仪

表 3.8   DDS-70 动三轴试验系统主要技术参数

试样尺寸 /mm	轴向最大动出力 /N	侧向压力 /MPa	反压 /MPa	频率范围 /Hz	最大轴向位移 /mm	其他
$\phi 39.1 \times H80$	1370	0~0.6	0~0.3	1~10	20	自动控制、自动采集和处理

B   试样制备及试验方法

试验按照上游法筑坝设计要求，人工配比成粗尾砂、全尾砂、细尾砂三种试样。其试样的配置要求和物理指标见表 3.2 和表 3.3。试验按《土工试验规程》（SL 237—1999）的规定进行[3]。

试验采用压样法制重塑样，水头饱和、反压饱和两种方法进行饱和，饱和度达 98% 以上时施加静压进行固结（固结排水量由英国 GDS 公司生产的压力体积控制器进行量测）。固结后再对每种颗粒级配的尾矿砂进行 $K_c = 1.0$、1.5、2.0，侧压为 150kPa、200kPa、250kPa 的振动试验。试验采用正弦波，输入初始相位为 180°。

3.3.3.2   动强度试验及结果分析

尾矿砂的动强度可定义为动荷载（周期的或随机的）作用 N 周以后，使应变达到某一破坏标准或动孔隙水压力上升至某个程度时的动剪应力。

试验时在不排水条件下以 2Hz 的正弦波逐级加载，每级动荷固定振次为 10 次，直到试样破坏，并记录相关的试验曲线。试验振动结束条件，即破坏标准采用：（1）轴向变形达 4mm，即动应变达 5%；（2）振动破坏次数为 20；（3）孔压等于侧压。只要满足前两个条件之一，即认为试样已达破坏，结束振动；若三个条件同时满足，则认为尾矿砂发生了液化破坏，试验得到的动强度为液化强度。

A　振动时程特征分析

在设定围压和动应力作用下进行动三轴试验，得到三种不同颗粒组成的尾矿砂在不同试验控制条件的动力响应结果。图 3.14 所示为具有代表性的动应变及孔隙水压力时程曲线。

a　动应变时程特征

由图 3.14 分析可知三种尾砂的轴向动应变具有以下特点：

（1）轴向动应变均随着时间呈单调增长趋势；而轴应变增长速率与大于 0.074mm 的粗粒含量呈负相关性，即粗粒含量越多，轴应变增长越慢；到达 5% 破坏标准的时间与粗粒含量呈正相关：三种尾砂到达 5% 动应变的时间分别为 28.5s、19s 和 8s。

（2）动应变的展开幅度与粗粒含量呈负相关，即粗粒越多，动应变的幅值起伏就越小；尾砂的粗粒越少，动应变的幅值起伏就越大。

（3）1 号粗尾砂前期动应变速度快，后期动应变增长速度缓慢，其累积变形量最终趋近于稳定值，没有大的增加。这主要是由于该试样粗颗粒含量多，内部孔隙大。在振动前期，内部结构调整，出现快速变形现象；但在调整完成后，结构更加合理而致密，因而变得稳定，具有更强的抗震能力。此现象充分印证了采用激震和碾压措施可以调整尾矿砂结构特性，有效增加尾矿抗震性能。

b　动孔隙压力时程特征分析

动孔压时程曲线变化规律与动应变十分相似。1 号粗尾砂在振动的第一周孔隙水压发展迅速，但其后则逐渐减慢，并最终趋近于一个定值；2 号全尾砂和 3 号细尾砂前期没有 1 号粗尾砂孔隙压力发展迅速，但仍呈现明显的上升趋势。

对于本次试验所采用的尾矿砂样，直到达到 5% 的动应变破坏标准，其孔隙压力仍只有围压的 20%～60%，都远没有达到围压，此点与文献［12］中所用铜矿尾砂的试验结果有着较大差别。

分析试验控制条件，二者都是铜矿尾砂，且均不含大于 1mm 粒径的颗粒，但文献［12］的尾矿砂粒径主要集中在 0.01～0.06mm 之间，而小于 0.01mm 和大于 0.06mm 的含量相对较少，且其小于 0.005mm 的含量小于 2%。本试验的试样颗粒组成范围明显大于前者，且大于 0.1mm 的粗颗粒密度远大于前者，小于

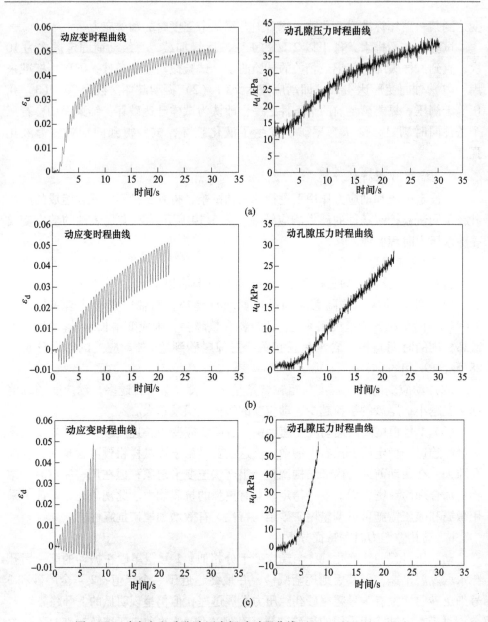

图 3.14　动应变和动孔隙压力振动时程曲线（$K_c = 1.0$，$\sigma'_{3c} = 150$）

(a) 1 号粗尾砂；(b) 2 号全尾砂；(c) 3 号细尾砂

0.005mm 的含量也远大于 2%，在颗粒级配上更具有粗细兼并的特点。以本试验所用原料进行的进一步试验同样能看到上述现象。因此，可以初步推断，颗粒组成具有粗细兼顾特点的尾矿砂较之粒径单一的尾矿砂，在一定程度上表现出更好的抗液化性能。

B 动抗剪强度曲线

由于实际地震动荷载的幅值和频率都不规则，为了使用试验结果，可以采用等效方法将地震不规则荷载换算为等效的破坏周期振动荷载。按 Seed 的研究成果，在等效均匀剪应力取 $0.65\tau_{max}$ 时，等效振次 N 与震级 M 有如表 3.9 所示关系[14]。

表 3.9 地震震级与等效振次及持续时间关系

震级 M/级	6	6.5	7	8
等效振次 N/次	5	8	12	20
持续时间/s	8	14	20	40

根据试验数据整理得到三种尾矿砂样在不同围压和固结比下的动剪应力比与破坏周数的关系曲线，如图 3.15 所示。由试验结果曲线可知，随着振次的增加，动剪应力比近似呈线性递减。横向对比三种不同粗粒含量砂样可以看出，粗粒含量对动强度影响显著，含量越大，动剪应力比越大。表 3.10 给出了不同粗粒含量尾矿材料在等效振次 12 次和 20 次时相应的地震震级为 7 级和 8 级的动剪应力比试验整理结果。

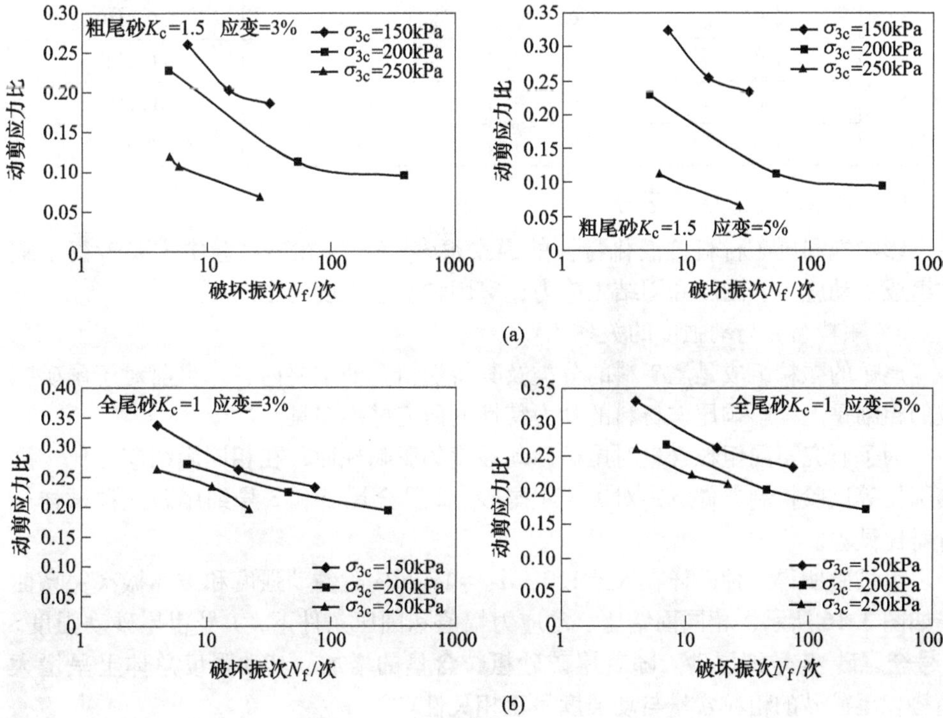

(a)

(b)

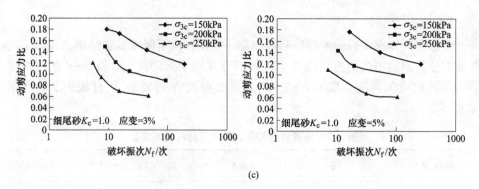

(c)

图 3.15　三种砂样动剪应力比与破坏周数的关系曲线

(a) 1 号粗尾砂；(b) 2 号全尾砂；(c) 3 号细尾砂

表 3.10　不同振次下动剪应力比试验结果

砂样	σ'_{3c}/kPa	K_c	7 级地震 $\Delta\tau/\sigma'_0$	8 级地震 $\Delta\tau/\sigma'_0$
粗尾砂	150	1.5	0.2806	0.2486
	200	1.5	0.2133	0.1938
	250	1.5	0.0973	0.0793
全尾砂	150	1.0	0.2925	0.2614
	200	1.0	0.2586	0.2448
	250	1.0	0.2201	0.2110
细尾砂	150	1.0	0.1823	0.1727
	200	1.0	0.1376	0.1164
	250	1.0	0.0989	0.0854

C　动强度的影响因素分析

影响饱和尾矿材料抗液化特性的因素很多[13~17]，在本试验中主要考察了颗粒组成、动应力、围压和固结主应力比等因素对动强度的影响。

a　颗粒组成与动强度的关系

尾矿的颗粒组成是尾矿料的分类及其特性研究的重要内容。目前对于尾矿颗粒的粗细是怎样影响尾矿材料的动力特性的研究并不多见。

为了研究不同粗粒含量对尾矿砂动强度的影响规律，在相同固结应力比、固结围压等试验控制条件下，对 1 号粗尾砂、2 号全尾砂和 3 号细尾砂三种试样进行对比试验。

由试验所得三种砂样在 $K_c = 1.0$，$\sigma_{3c} = 150\text{kPa}$ 时的动强度和破坏振次关系曲线如图 3.16 所示，相同固结比、动应力幅值和围压条件下，1 号粗尾砂动强度>2 号全尾砂>3 号细尾砂。随着尾矿砂粗粒含量的增加，其动强度总体上呈增大趋势，尾矿砂的粗粒含量与动强度呈正相关性。

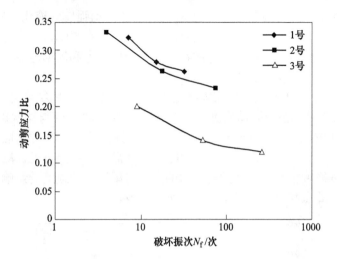

图 3.16 不同粗粒含量尾砂动剪应力比与破坏振次曲线（$K_c = 1.0$，$\sigma_{3c} = 150\text{kPa}$）

b 固结围压与动强度的关系

图 3.17 所示为试验所得 1 号粗尾砂在 $K_c = 1.0$ 时不同围压下动剪应力和破坏振次的关系曲线。由图可知，动强度随着固结应力 σ_{3c} 的增大而显著增大。同一尾矿砂在动应力值一定时，固结围压越大，达到破坏时循环的周数就越多；当循环周数一定时，固结围压越大，产生破坏所需的动应力就越大，表明围压越大，固结后尾矿砂的强度就越大，越有利于坝的稳定性。

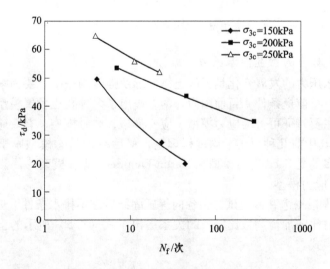

图 3.17 1 号粗尾砂动剪应力与破坏振次关系曲线（$K_c = 1.0$）

c　固结应力比 K_c 与动强度的关系

对于初始剪应力（即固结应力比 K_c）对土体的动强度和液化剪应力的影响，至今还没有完全明确的结论。根据现有的一些试验资料得知，动强度和液化剪应力可能增大也可能减小，这与试样的密度、初始剪应力和周期剪应力的大小及规定的破坏应变比等因素有关[15]。

图 3.18 所示为 1 号粗尾砂在固结围压 σ'_{3c} 为 150kPa，固结应力比 K_c 分别为 1.0、1.5、2.0 时，在相同动应力 $\sigma_d = 95$kPa 下的轴向应变与振次的关系曲线。从图 3.18 可以看出，在相同振次条件下，1 号粗尾矿达到 5% 的动应变破坏标准所需要的振动次数 $K_c = 1.5$，比 $K_c = 1.0$、2.0 时都大。由此可见，K_c 对试验用尾矿砂的动强度影响很大，但初始剪应力的大小对尾砂的动强度的影响不是单一的增大或减小，此点与其他土类动力试验结果一致。

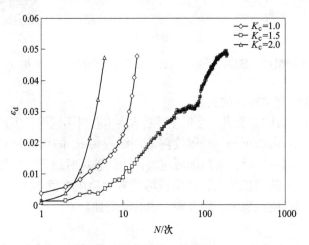

图 3.18　1 号粗尾砂不同 K_c 的动应变与振次关系曲线

D　尾矿材料的动孔隙水压力

动孔隙水压力的发展变化是了解土体变形及强度的一个重要因素，也是进行动力计算的一个前提条件。目前国内外学者提出了多种孔压发展模型，按其与孔压相联系的主要特征可分为应力模型、应变模型、内时模型、有效应力模型和瞬态模型[18]。其中前几种属于平均过程理论，最后一种瞬态模型属于波动过程理论。应用较多的是 Seed 应力模型和 Martin-Finn-Seed 应变模型[19,20]。

a　Seed 应力模型

Seed 等人根据饱和砂土试样在各向等压固结后在不排水条件下进行周期加荷的孔隙水压力比随加荷周数比增长的关系提出了式（3.5）所示的土体等向固结时孔压应力模式：

$$u_g = \frac{\sigma'_{3c}}{2} + \frac{\sigma'_{3c}}{\pi}\arcsin\left[2\left(\frac{N}{N_L}\right)^{1/a} - 1\right] \tag{3.5}$$

式中，σ'_{3c} 为初始有效固结应力；N 为周期加荷的周数；N_L 为达到液化时的周数；a 为与土性质有关的试验常数，为使用方便通常取 $a = 0.7$。

b 尾矿材料的孔压力应力模型研究

孔压应力模型具有将孔压和施加的应力联系起来的特点，由于动应力的大小应该从应力幅值和持续时间两个方面来反映，因此这类模型中常出现动应力和振次，或者将动应力的大小用引起液化的振次 N_L 来实现，寻求孔压比 u_g/σ'_{3c} 和振次比 N/N_L 的关系[21,22]。

Seed 孔隙压力模型将孔隙压力发展表达为初始有效固结应力 σ'_{3c}、周期加荷的周数 N、达到液化时的周数 N_L 和土性质试验常数 a 的函数，即

$$u_g = f(\sigma'_{3c}, N, N_L, a) \tag{3.6}$$

可见，从常规尾矿砂物理力学性质和动三轴试验结果就可以求得研究对象的 Seed 孔隙水压力应力模型。

图 3.19 所示为 1 号粗尾砂 $K_c = 1.0$，$\sigma'_{3c} = 200$kPa 时的孔压比-振次比关系曲

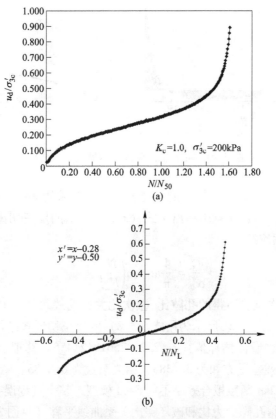

图 3.19 孔隙压力平移结果示意图（粗尾砂 $K_c = 1.0$）

（a）孔压比-振次比关系曲线；（b）平移的孔压比-振次比关系曲线

线，从图中可以发现，该粗尾砂的孔隙水压力发展过程与 Seed 模型的特征曲线十分相似。

为了研究 1 号粗尾砂在动荷载作用下孔隙水压力的变化特征，采用 Seed 孔压模型形式，利用试验可得到 1 号粗尾砂在固结比 $K_c = 1$，围压 $\sigma'_{3c} = 200\text{kPa}$ 时，$N_L = 252$，$\varphi' = 33.39°$。以 1stopt1.5 优化软件为平台，综合采用多种优化算法对实测孔隙压力数据进行拟合，当 $a = 0.273021301515295$ 时，得到最佳拟合结果，如图 3.20 所示，其孔隙水压力应力模型表达式为：

$$u_g = \frac{200}{2} + \frac{200}{\pi}\arcsin\left[\left(\frac{N}{252}\right)^{1/(2 \times 0.273021301515295)} - 1\right] \tag{3.7}$$

拟合检验参数：均方差为 0.0574；残差平方和为 0.9377；相关系数为 0.9326。

单纯从拟合检验参数看，拟合结果较好，但进一步结合如图 3.20（a）所示的拟合残差曲线可知，拟合值与实测的结果相差较大，效果并不理想。

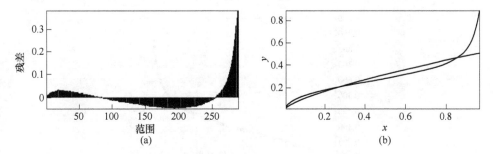

图 3.20　粗尾砂的 Seed 孔压模型拟合结果

对于铜矿尾砂，张超等人[12]的研究表明，直接采用 Seed 孔隙水压力模型拟合结果偏差较大，并在文献中提出了式（3.8）所示的反正切函数预测模型，给出了 $a = 0.2$ 的预测结果。

$$\frac{u_g}{\sigma'_0} = \frac{4}{\pi}\arctan\left(\frac{N}{N_L}\right)^{1/(2a)} \tag{3.8}$$

仔细分析本次试验所得的孔隙比-振次比关系曲线可知，其变化特征与反正切函数差异极大。图 3.21 所示为用式（3.8）的反正切形式进行拟合得到的结果和残差曲线，参数最佳估算值：$a = 2.26975618421455$。其拟合检验参数为：均方差为 0.1098、残差平方和为 3.4383、相关系数为 0.8535。

可见采用 arctan 函数拟合效果不如 Seed 模型，整个过程误差均很大。

对本试验所得孔隙应力比和破坏振次关系曲线平移（见图 3.19（b）），可以明显看到其满足幂函数 $y = Ax^B$ 的关系，同时考虑到坐标平移变换，本书采用 $y = A(x - B)^C - D$ 幂函数形式，以 1stopt1.5 优化软件为平台，综合采用多种优化算

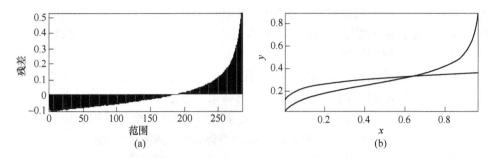

图 3.21　粗尾砂的 arctan 孔压模型拟合结果

法对实测孔隙压力数据进行拟合，最终得到的最优粗尾砂动孔隙水压力模型拟合效果如图 3.22 所示，模型表达式为：

$$\frac{u_g}{\sigma'_c} = 1.038 - 0.929 \times \left(0.967 - \frac{N}{N_L}\right)^{0.242} \tag{3.9}$$

将其变化为 Seed 应力模型相似的形式，如下式所示：

$$\frac{u_g}{\sigma'_c} = 1.038 - \frac{3}{\pi} \times \left(0.967 - \frac{N}{N_L}\right)^{\frac{1}{2\theta}} \tag{3.10}$$

即有当 $\theta = 2.07$ 时，拟合检验参数为：均方差为 0.0229、残差平方和为 0.1500、相关系数为 0.9884。

可见，无论是从均方差、残差平方和，还是从相关系数判断，采用该幂函数模型的效果均明显优于前面两类模型。模型拟合值与实测的结果十分接近（见图 3.22），能够较真实地模拟粗尾砂的动孔隙水压力变化情况。

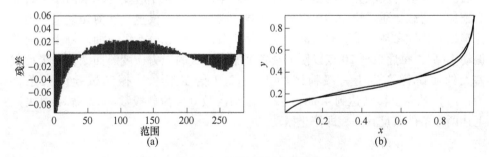

图 3.22　粗尾砂的幂函数孔压模型拟合结果

综上所述，即便都是尾矿砂，孔隙水压力在地震荷载作用下的发展变化特征差异也较大，一般不能采用统一的、确定的函数形式对其进行拟合，如果人为选定某种确定的函数形式对其进行拟合建模，往往偏差较大。

近年来发展起来的神经网络具有高度的非线性映射能力和良好的自适应性、自组织性，对非线性问题的预测分析提供了一个新的解决途径[23~26]；同时，神经网络方法只要用已知的模式对网络加以训练，就能够学习大量的输入和输出之间的映射关系，而不需要任何精确的数学表达式，它可克服传统方法建模方法中存在的人为选定模型结构等问题。

为此，本书尝试引入 BP 神经网络理论来进行动孔隙压力建模。图 3.23 所示为采用 6×20×1 的 BP 网络结构得到的预测结果，方法是用前面 5 个振动周次的孔压（u_i，u_{i+1}，u_{i+2}，u_{i+3}，u_{i+4}）和需要预测的第 $i+5$ 个振动周次作为输入，预测孔压值 u_{i+5}。从结果和残差曲线可知，总体预测效果较好，能在一定程度上达到有效克服传统建模方法对经验的依赖性和人为确定模型形式的不足。

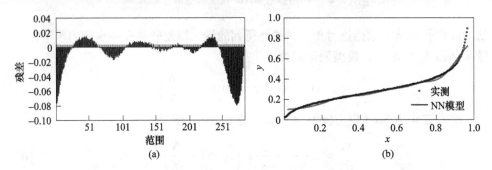

图 3.23　粗尾砂的神经网络孔压模型拟合结果

3.3.3.3　动弹性模量和阻尼比试验

动弹性模量与阻尼比特征反映了在动荷载作用下土应力应变关系的非线性和滞后性，是动力反应分析的基本依据之一。本次试验在小应变情况下由小到大分级施加动荷载，通过绘制动应力应变曲线，得到动弹性模量、动剪切模量和阻尼比等动力特性参数。试验时振动频率采用 1Hz，动荷载分 6 级施加，每级动荷载振动 10 周，每周采样 20 点以便记录各个振动周次的应力应变滞回圈。每级荷载差大约使试样产生上一级荷载的 1.5 ~ 2.0 倍变形[27]。振动试验结束条件为：（1）轴向位移已达到 4mm；（2）振动次数（=荷载级数×每级振动周次）。上述两个条件满足其一，即停止振动。

A　尾矿砂动本构关系

根据不同振动荷载所得应力应变骨干关系曲线，三种尾矿材料的动剪应力-动剪应变曲线是相似的，均具有明显的非线性特征，可以用 Hardin 等人得出的土在周期荷载作用下动本构关系（见式（3.11））进行拟合。下面以粗尾砂为例进行分析。

$$\sigma_d = \varepsilon_d / (a + b\varepsilon_d) = \varepsilon_d E_d \qquad (3.11)$$

式中，σ_d 为动应力；ε_d 为弹性动应变；E_d 为动弹性模量；a、b 为试验参数。

由图 3.24 和图 3.25 可知，整体上粗尾砂的动应力随动应变的增加而增加。

但在动应变值较小时（$\varepsilon_d < 0.005$），曲线变化较陡，动应力与动应变呈线性增长关系，说明在小应变阶段尾矿砂处于弹性阶段；随着动应变的增加，动应力的增长逐渐趋于平缓。而在此阶段，动应力增加一较小值便会使尾矿砂产生很大的变形，说明尾矿砂进入了弹塑性发展阶段，很快将达到破坏界限。

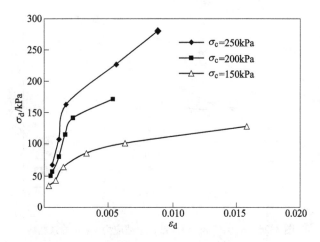

图 3.24　粗尾砂剪应力-动剪应变曲线（$K_c = 2$）

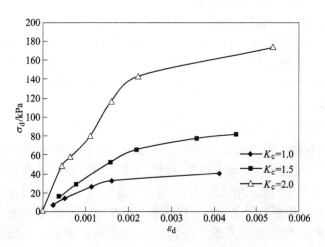

图 3.25　粗尾砂剪应力-动剪应变曲线（$\sigma_c = 200\text{kPa}$）

尾矿砂的固结围压和固结应力比对本构关系有十分显著的影响。当固结比一定时，随着围压的增大，曲线逐渐偏向应力轴。在产生相同动应变 ε_d 值时，固结围压越大所需要的动应力值就越大；当固结围压一定时，固结应力比越小，振动中所产生动应变越大。这是因为在高固结压力或高固结应力比的条件下，会使得尾矿砂的结构更加紧密，产生同样的动应变需要更大的动应力。

图 3.26 所示为三种尾矿砂在固结压力比、固结围压一定时的动应力应变关系曲线。分析可知，在相同动应力条件下，尾矿砂中粗粒含量越多产生同一变形量所需要的动应力值也越大，稳定性也越好。

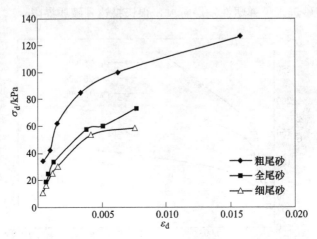

图 3.26　$K_c = 2$，$\sigma_c = 150\text{kPa}$ 时动应力-应变关系曲线

B　动弹性模量试验结果及分析

a　动弹性模量与动应变的关系

应变是影响动弹性模量的一个非常重要的因素[27~29]。通常情况，按动应变大小可将 E_d-ε_d 曲线分成 3 个阶段：（1）水平段，这个阶段动应变很小，土处于弹性状态，动弹性模量基本为常数，并且接近最大动弹性模量 $E_{d\max}$；（2）动弹性模量迅速减小至界限动应变阶段，这个阶段随着动应变 ε_d 的增加，塑性应变逐渐增大，动弹性模量迅速减小，这时土体处于弹性状态向塑性状态转变的过程中；（3）动弹性模量缓慢减小的阶段，在这个阶段动应变中弹性应变所占的比例较小而以塑性应变为主，动弹性模量降低空间较小，曲线逐渐趋于平缓。

由于本次试验采用动三轴仪来进行测量，而通常动三轴仪一般只能测出应变幅值大于 10^{-4} 的动弹性模量和阻尼比，所以从粗尾砂的 E_d-ε_d 关系曲线图（见后文图 3.27）中只能看到关系曲线变化的后两个阶段。由关系曲线可知，尾矿砂样的动弹性模量 E_d 随轴应变 ε_d 的增加而减小。在同一固结比同一围压下，当 $\varepsilon_d < 0.005$ 时，三种尾矿砂 E_d 随 ε_d 线性递减；当 $\varepsilon_d = 0.005$ 时 E_d 减至最大动弹性模量 50% 左右，说明随着应变的增加，三种尾矿砂的衰减很快；当 $\varepsilon_d > 0.005$ 时，动弹性模量则随着应变的增加趋于平缓。整个关系曲线呈现出了尾矿砂从弹塑性向塑性转变的过程。

b　动弹性模量的影响因素分析

（1）固结围压 σ_{3c} 的影响。由图 3.27 所示的粗尾砂 E_d-ε_d 关系曲线可知，K_c 一定时，在相同的动应变 ε_d 下，σ_{3c} 越大，E_d 也越大。固结围压对动弹性模

量的影响主要表现在应变的初始阶段，当动应变较小时，在相同应变下，E_d 随着围压的不同其值差异很大。但是随着动应变 ε_d 的发展，曲线逐渐趋于平缓，在相同动应变下，固结压力对动弹性模量 E_d 值的影响逐渐变小，直至动模量 E_d 在不同围压下的值几乎相等。

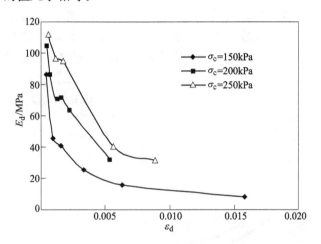

图 3.27 粗尾砂 E_d-ε_d 关系曲线（$K_c = 2$）

其主要原因是在试验开始阶段，试样所受初始应力状态不同，高围压时的初始动弹性模量要明显大于低围压试样的动弹性模量。随着试验的进行，动应变增加，固结压力对土体特性的影响程度越来越低，而动应变的影响程度逐渐增大。当动应变很大时，土体基本进入了塑性状态，此时固结压力对土样基本没有影响。

（2）固结压力比 K_c 的影响。图 3.28 所示为 $\sigma_c = 150$kPa，不同 K_c 时测得的 E_d-ε_d 关系曲线。由图可知，K_c 对尾矿砂的动弹性模量有着相似的影响规律。在

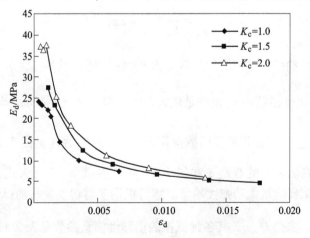

图 3.28 $\sigma_c = 150$kPa 时粗尾砂 E_d-ε_d 关系曲线

相同应变下，动弹性模量 E_d 随着 K_c 的增大而增大。这主要是因为尾矿的 K_c 会影响到试样的物理性质，K_c 越大孔隙比越小、相对密度越大，土颗粒结合紧密，振动波在土中的传播速度越快，动弹性模量也随之增大。

（3）颗粒级配的影响。从图 3.29 所示的 E_d-ε_d 关系曲线可知，尾矿砂中粗粒含量的多少对动弹性模量有很大的影响，总体上动弹性模量与粗粒含量呈正相关性；尤其是在小应变阶段，当动应变 $\varepsilon_d < 0.002$ 时，粗尾砂的动弹性模量值远远大于细尾砂的动弹性模量。随着动应变 ε_d 的增加，曲线逐渐趋于平缓。

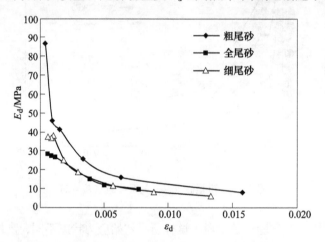

图 3.29　$K_c = 2$，$\sigma_c = 150\mathrm{kPa}$ 时尾矿砂 E_d-ε_d 关系曲线

c　最大动弹性模量

循环荷载作用下的最大动弹性模量 E_{dmax} 定义为动应变 ε_d 趋于零时的动弹性模量。试验所得应力-应变关系曲线可以写成下式：

$$\frac{\varepsilon_d}{\sigma_d} = \frac{1}{E_d} = a + b\varepsilon_d \qquad (3.12)$$

式（3.12）通过线性回归后可得到 $1/E_d$-ε_d 曲线。当直线与 $\dfrac{1}{E_d}$ 轴的截距 $a = \dfrac{1}{E_d}$ 和 $\varepsilon_d \to 0$ 时，所得到的 E_d 也就是最大动弹性模量 $E_{dmax} = 1/a$；当 ε_d 趋于 0 时，最大动应力 $\sigma_{dmax} = 1/b$。根据实验数据作出 $\dfrac{1}{E_d}$-ε_d 曲线后（见图 3.30~图 3.37），即可求出直线在纵轴上的截距 a 和斜率 b，再把参数 a、b 代入式（3.12）即可求三种尾矿砂试样的最大动弹性模量。然后根据动剪切模量与动弹性模量的关系 $G_{dmax} = \dfrac{E_{dmax}}{2(1+u)}$，求得 G_{dmax}。其各种试样的动弹性模量参数见表 3.11。

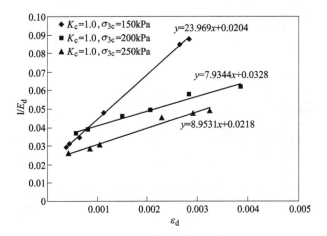

图 3.30　1 号粗尾砂动弹性模量归一化曲线（$K_c = 1.0$）

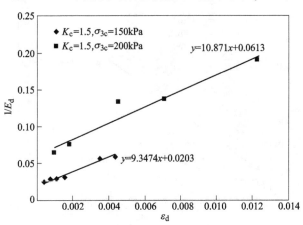

图 3.31　1 号粗尾砂动弹性模量归一化曲线（$K_c = 1.5$）

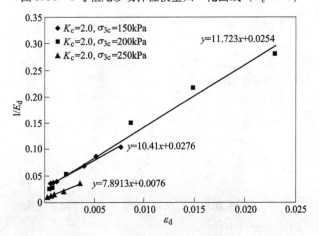

图 3.32　1 号粗尾砂动弹性模量归一化曲线（$K_c = 2.0$）

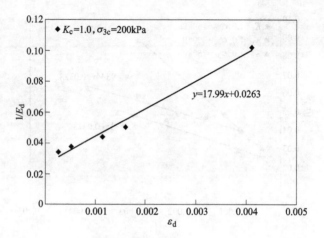

图 3.33　2 号全尾砂动弹性模量归一化曲线（$K_c = 1.0$）

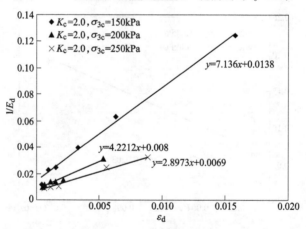

图 3.34　2 号全尾砂动弹性模量归一化曲线（$K_c = 2.0$）

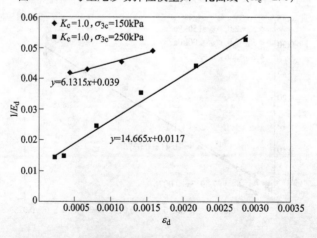

图 3.35　3 号细尾砂动弹性模量归一化曲线（$K_c = 1.0$）

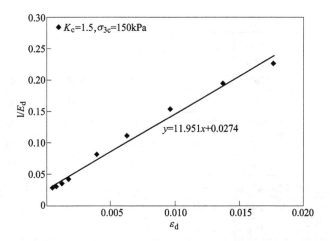

图 3.36 3 号细尾砂动弹性模量归一化曲线（$K_c = 1.5$）

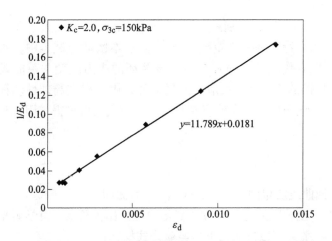

图 3.37 3 号细尾砂动弹性模量归一化曲线（$K_c = 2.0$）

表 3.11 动弹性模量试验成果指标

编号	尾砂	K_c	σ_{3c} /kPa	a	b	E_{dmax} /MPa	G_{dmax} /MPa	λ_{dmax}
		1.0	150	0.0204	23.969	49.02	16.34	—
		1.0	200	0.0328	7.9344	30.49	10.16	0.009
		1.0	250	0.0218	8.9531	45.87	15.29	—
1号	粗尾砂	1.5	150	0.0203	9.35	49.26	16.42	0.044
		1.5	200	0.0613	10.871	16.31	5.44	0.223
		2.0	150	0.0276	10.41	36.23	12.08	—
		2.0	200	0.0254	11.723	39.37	13.12	0.017
		2.0	250	0.0076	7.8913	131.58	43.86	0.008

编号	尾砂	K_c	σ_{3c} /kPa	a	b	E_{dmax} /MPa	G_{dmax} /MPa	λ_{dmax}
2号	全尾砂	1.0	200	0.0263	17.99	38.02	12.67	0.273
		1.5	150	0.0138	7.136	72.46	24.15	0.135
		2.0	200	0.008	4.2212	125.00	41.67	0.132
		2.0	250	0.0069	2.8973	144.93	48.31	0.054
3号	细尾砂	1.0	150	0.039	6.1315	25.64	8.55	—
		1.0	250	0.0117	14.665	85.47	28.49	0.079
		1.5	150	0.0274	11.951	36.50	12.17	0.042
		2.0	150	0.0181	11.789	55.25	18.42	0.003

C　阻尼比

土的阻尼比反映土在周期性动荷载作用下动应力-应变关系滞回圈表现出的滞后性，是土动力特性的一个重要性质[28]。在本次动力试验中，对试样逐级施加动荷载，选取有代表性的循环，绘制该循环的应力应变关系曲线，即滞回曲线（圈）。滞回圈的面积代表相应的能量消耗，由试样在周期性动荷载一次循环中消耗的能量与该循环中最大剪应变对应的势能之比可求得土阻尼比，其计算公式为：

$$\lambda_d = \frac{1}{4\pi}\frac{A}{A_s} \tag{3.13}$$

式中，A 为滞回曲线所包围的面积，cm^2；A_s 为面积，cm^2。

试验表明，土的阻尼比随动应变变化的规律比较复杂。有学者根据试验结果得出土的 λ_d-ε_d 关系可以近似按下列经验公式描述：

$$\lambda_d = \lambda_{d,max}\left(1 - \frac{E_d}{E_{d,max}}\right) \tag{3.14}$$

式中，$\lambda_{d,max}$ 为最大阻尼比。

通过式（3.14）可以求出 λ_{dmax}，其数值见表 3.11。

理论上推导出的阻尼比计算公式要求滞回圈是一个椭圆，而实测的滞回圈并不是标准的椭圆。图 3.38 所示为尾矿砂试样逐级施加周期性动剪应力所测得的连续滞回圈。从图中可以看出，尾矿砂的滞回圈并不是标准的椭圆，但总是近似椭圆，所以经典的计算方法还是可取的。

由试验所得的滞回圈图可知，阻尼比随动应变的增加而增大，这与土的阻尼经典理论和实验证明都是一致的。在动剪应变很小时滞回圈的面积较小，滞回圈上下两个顶点连接线较陡，且变化较小，阻尼比可认为是常量；随着动剪应变的

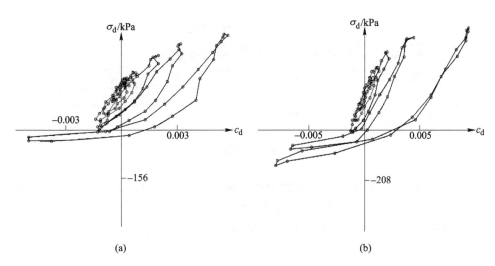

图 3.38　1 号粗尾砂的试验应力滞回圈

（a）1 号—200~400kPa 应力滞回圈 10 周 6 级；（b）1 号—250~500kPa 应力滞回圈 10 周 6 级

增加，顶点连线的斜率逐渐减小，滞回圈面积逐渐增大，表明动荷载循环中所消耗的能量增加，阻尼比变大；但当动应变幅值较大时，将产生残余应变，滞回曲线不闭合，形状也与椭圆曲线相差甚远，阻尼比计算方法还需要进一步改进。

3.4　计算模型及材料参数

根据图 3.3 中的计算剖面和工程地质勘探结果，首先建立能反映尾矿坝的数值特征面，一是方便模型的建立；二是对坝体的关键点进行分析处理。

尾矿库的几何模型如图 3.39 所示。初期坝（堆石坝）以及尾矿堆积坝（不同尾矿材料）组成情况如图 3.40 所示。

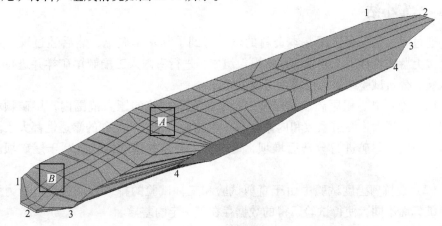

图 3.39　三维计算模型

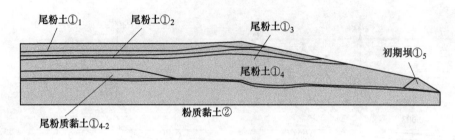

图 3.40 断面 2-2 材料分层图

由图 3.40 可以看出，计算模型中共包含 7 种不同的材料，它们分别是按照鱼祖乍尾矿库现场勘探资料，将计算模型概化为 7 种材料，即基底（粉质黏土②）、堆石坝（初期坝①$_5$、后面加固的块石贴坡体）、尾粉质黏土①$_{4-2}$、尾粉土①$_4$、尾粉土①$_3$、尾粉土①$_2$、尾粉土①$_1$。各材料的物理力学参数见表 3.12。

表 3.12 材料参数

指标	重度 /kN·m^{-3}	静力		动力		抗剪强度		渗透系数	
		弹性模量 /MPa	泊松比	弹性模量 /MPa	泊松比	有效应力		水平 /cm·s^{-1}	垂直 /cm·s^{-1}
						内聚力 /kPa	摩擦角 /(°)		
堆石坝	19.0	254.0	0.28	400	0.4	0	35	8×10^{-2}	8×10^{-2}
尾粉土①$_1$~①$_3$	18.5	129.7	0.4	200	0.5	18	27.7	2.61×10^{-4}	2.5×10^{-4}
尾粉土④	19.5	205.2	0.4	200	0.5	20	31	2.61×10^{-4}	2.5×10^{-4}
泥质粉砂岩夹粉砂质泥岩	26	10000	0.38	15000	0.2	140	42	1×10^{-8}	1×10^{-8}

3.5 本章小结

通过对鱼祖乍尾矿坝基本资料的整理得到了其基本概况，然后通过现场取样，按上游法堆坝工艺要求的尾矿颗粒组成，进行室内人工配制尾矿样并进行土工试验。分析试验结果可以得到下面的结论：

（1）全尾砂、粗尾砂、细尾砂三种试样在所试验的压力范围内，尾矿颗粒越粗孔隙比越大，渗透系数和内摩擦角 φ 也越大。粗、细尾砂的渗透性都大于全尾砂，说明对尾矿进行分选后堆坝，可以增大坝体的渗透性，有利于尾矿坝的稳定。

（2）在抗剪强度试验中由于直剪试验和三轴试验的排水控制程度、受力条件、破坏面不同，使得试验所得的数据存在着一定的差异。

（3）试验获得的尾矿非线性力学参数，不仅可为鱼祖乍尾矿坝的稳定性计算提供基础数据，也可为尾矿的非线性力学研究提供参考。本试验得出了鱼祖乍尾矿料的静力特性参数，为鱼祖乍尾矿坝的静力分析以及动力响应分析提供了部分所需的重要数据。

（4）由上游法堆坝工艺涉及的三种不同粗粒含量尾矿的动三轴试验，得到以下结论：

1）1号粗尾砂动应变时程特征分析表明，尾矿坝堆筑过程中，采用激振和碾压措施可以调整尾矿砂结构特性，有效增加尾矿抗震性能；同时，前期试样加密效果较为明显，而后期很长时间振动加密效果仍十分有限，在采用振动加密提高尾矿砂堆坝稳定性时应该考虑最佳振动时间或最佳效益时间长度范围，结合后期补充验证试验结果，推荐采用2~5周次为宜。

2）结合其他学者研究成果，分析本试验结果表明，颗粒级配特征也是影响抗液化强度的重要因素。颗粒组成上具有粗细兼顾特点的尾矿砂，较之粒径单一的尾矿砂在一定程度上表现出了更好的抗液化性能。用于筑坝的尾矿砂，一方面应该采用颗粒较粗的粗尾矿，另一方面也应注意颗粒组成上的合理级配特点，尤其是细粒含量的适当存在，可有效调整尾矿材料的级配结构。

3）试验结果显示鱼祖乍尾矿砂在动荷载作用下，达到破坏标准时孔隙水压力并未达到围压压力，说明该尾矿砂试样并没有发生液化现象。根据实验结果，采用幂函数形式修正了 Seed 的孔压预测公式，该公式误差明显小于 Seed 动孔压预测公式。研究也表明，孔隙水压力在地震荷载作用下的影响因素众多，人为选定某种确定的函数形式对其进行拟合建模，其结果往往偏差较大。通过引入神经网络建模理论，能有效克服常规建模方法中的上述不足，达到了较好的预测效果。

4）粗粒含量对尾矿砂的抗液化强度影响很大，粗粒含量与动强度呈正相关性，尾矿砂粗粒含量的增加，其动强度总体上呈增大趋势。动应力对尾矿砂的动强度影响较大，随动应力幅的增加，相同振次下的动应变增大。固结比 K_c 对动强度的影响不是单一的增大和减小。固结压力与动强度呈正相关性，相同动应力幅值，随着围压的增大，其达到破坏的振动次数增大。

5）试验表明，在整个动应变范围内，1号粗尾砂的动弹性模量比2号全尾砂和3号细尾砂有较明显的提高，粗粒含量对尾矿砂的动弹性模量影响显著，二者呈明显的正相关性。

参 考 文 献

[1] 祝玉学，戚国庆，等 . 尾矿库工程分析与管理 [M]. 北京：冶金工业出版社，1999.

[2] 冯国栋. 土力学 [M]. 北京：水利电力出版社，1989.

[3] 南京水利科学研究院. SL 237—1999 土工试验规程 [S]. 北京：中国水利水电出版社，1999.

[4] 中华人民共和国建设部. GB 5001—2001 岩土工程勘察规范 [S]. 北京：中国建筑工业出版社，2002.

[5] 余君，王崇淦. 尾矿的物理力学性质 [J]. 企业技术开发，2005，24（4）：3~4.

[6] 汤馥郁，李旺林. 峡山水库主坝物理力学参数的试验研究 [J]. 山东建筑工程学院学报，2000，15（4）：34~38.

[7] 张建隆. 尾矿砂力学特性的试验研究 [J]. 武汉水利水电大学学报，1995，6（28）：685~689.

[8] 郑颖人，龚晓南. 岩土塑性力学基础 [M]. 北京：中国建筑工业出版社，1989.

[9] 龚晓南. 土塑性力学 [M]. 2版. 杭州：浙江大学出版社，1999.

[10] Volpe R. Physical and engineering practices of copper tailings [C] // Current Geotechnical Practice in Mine Waste Disposal, ASCE, 1979.

[11] 高江平，李芳. 黄土邓肯-张模型有限元计算参数的试验 [J]. 长安大学学报（自然科学版），2006，26（2）：10~13.

[12] 张超，杨春和，白世伟. 尾矿料的动力特性试验研究 [J]. 岩土力学，2006，27（1）：35~40.

[13] 柳厚祥. 高尾矿坝-地基相互作用的地震反应分析研究 [J]. 冶金矿山设计与建设，1998，30（6）：7~13.

[14] 张克绪，谢君斐. 土的动力学 [M]. 北京：地震出版社，1989.

[15] 陈敬松，张家生，孙希望. 饱和尾矿砂动强度特性试验研究 [J]. 山西建筑，2005，19（31）：75~76.

[16] 曾春华. 关于土在重复荷载下动态特性的综述 [C] // 全国黄土学术会议论文集. 乌鲁木齐：新疆科技卫生出版社，1994.

[17] 李永乐，陈宇，李敏芝，等. 粉煤灰的动力特性试验及地震动液化研究 [J]. 华北水利水电学报，2002，23（4）：64~67.

[18] 谢定义. 土动力学 [M]. 西安：西安交通大学出版社，1988.

[19] 刘菀茹. 尾矿动力特性及其堆坝稳定性分析 [D]. 成都：四川大学，2006.

[20] Davies M, Martin T, Lighthall P. Mine tailings dams：When things go wrong [C] //Proceedings, Tailings dams 2000, Association of State Dam Safety Officials, Las Vegas, NV, 2000：261~273.

[21] Vick S G. Risk based approach to seismic stability and inundation hazard for upstream tailings dams [C] //Proc International Symposium on Safety and Rehabilitation of Tailings Dams. ICOLD, Sydney, Australia, May 23, 1990.

[22] Vick S G, Tailings dam safety-Implications for the dam safety community [C] // Tailings dams 2000, Association of State Dam Safety Officials, Las Vegas, NV, 2000：1~20.

[23] 张立明. 人工神经网络的模型及其应用 [M]. 上海：复旦大学出版社，1993：13~15.

[24] 张高峰，梁宾桥，谌会芹. 用BP神经网络预测土抗剪强度指标 c、φ [J]. 岩土工程技

术，2006，20（1）：26~30.

[25] 吴超，陈勉，金衍. 基于地震属性分析的地层孔隙压力钻前预测模型［J］. 石油天然气学报，2006，28（5）：66~70.

[26] 周春桂，张涛，吴国东. 神经网络用于非线性动力学系统建模研究［J］. 弹箭与制导学报，2007，4：343~346.

[27] 王皆伟. 四川地区砂卵石土动力特性试验研究［D］. 绵阳：西南科技大学，2006.

[28] 骆亚生，田堪良. 非饱和黄土的动剪切模量与阻力比［J］. 水利学报，2007，36（7）：830~834.

[29] 何昌荣. 动模量和阻尼的动三轴试验研究［J］. 岩土工程学报，1997，2（19）：39~48.

4 尾矿坝的稳定性分析理论

4.1 ABAQUS 有限元简介

4.1.1 ABAQUS 简介

伴随着计算机仿真技术的不断进步与日益完善，3C（CAD、CAE 和 CAM）系列中的 CAE（计算机辅助工程）被广泛地关注并应用到实际工程问题中，而在 CAE 领域中有限元方法是应用最成熟的分析手段之一，在各个工业领域中发挥着巨大的作用[1]。

ABAQUS 是由美国达索 Simulia 公司经过研究开发的一套具有强大工程模拟功能的非线性有限元分析软件之一[2]，不论是相对简单的线性问题还是很复杂的非线性问题，ABAQUS 中都有相应的模块可以提供分析，如固体力学、结构力学系统等。ABAQUS 中拥有非常丰富的单元库，可以用来模拟任何一种几何形状的单元体，对于各个单元体同时配有多种类型的材料模型，通过选择相应的单元及材料等，可以很好地模拟各种工程材料的性能。ABAQUS 除了能模拟大量的结构问题，还可以模拟如质量扩散、热与电的耦合分析、热力学传导、岩土力学分析（流体渗透/应力耦合分析）等许多其他工程领域内的问题。对于岩土工程问题的分析而言，ABAQUS 中有很多适合的本构模型，如 Mohr-Coulomb 模型、扩展的 D-P 模型、修正的剑桥模型等。该软件在岩土方面的应用有很多独到之处，如：（1）可以实现初始地应力的平衡问题：在渗流分析中，ABAQUS 可以实现饱和土与非饱和土的稳定、非稳定渗流问题的模拟；（2）可以考虑多种复杂的边界问题：水头分布、流量分布、孔隙压力分布的边界及渗出自由面的边界等。在流固耦合问题的分析中，通过子程序定义材料本构关系，在饱和土中可以定义渗透系数随孔隙比变化的关系曲线，用来分析应力场对渗流场的影响，在非饱和土中可以定义孔隙压力随饱和度变化的关系曲线，以此来考虑渗流状态随土体饱和状态的变化。ABAQUS 中如此多的单元类型，以及关于非线性问题与耦合问题强大的分析能力，都是进行岩土工程问题分析的有力工具。

除此之外，ABAQUS 还能对模型进行二次开发，与其他软件相比具有无可比拟的优势。在 ABAQUS 中提供了流体渗流-应力耦合的分析步骤[1,2]，可求解下列一些问题。

（1）饱和渗流问题。在岩土工程中，位于地下水位以下的土体通常被认为是饱和的，关于饱和渗流问题最典型的就是饱和土的固结问题。

（2）非饱和渗流问题。土体位于地下水位以上时通常被认为是处于非饱和状态，在实际工程中很多问题都涉及非饱和渗流，如灌溉问题、降雨入渗问题，水会在非饱和土体中流动，形成的孔隙水、负压力作用等都会对渗流产生影响。

（3）联合渗流问题。即指同时包含饱和与非饱和渗流问题，最典型的就是土坝渗流问题。

（4）水分迁移问题。可以由 ABAQUS 软件提供的渗透/应力耦合分析模块对水分迁移问题进行求解。

4.1.2　ABAQUS 模块简介

在 ABAQUS 中有两个主求解器模块——ABAQUS/Standard（隐式分析求解器，主要应用于隐式分析）和 ABAQUS/Explicit（显式分析求解器，主要应用于显式分析），还包含一个用于人机交互前后处理的图形用户界面 ABAQUS/CAE，可以用于相应的前处理、分析以及对结果的后处理和分析，其可以将各种功能集成在各个功能模块中组合分析实际问题。

ABAQUS/CAE 包括 10 个功能模块，建模过程一般都是从 Sketch 模块到 Visualization 模块，各主要模块的功能如下。

（1）Part 模块：创建各个部件的几何模型，既可以在 ABAQUS/CAE 模块中直接生成，也可以由图形软件直接导入，可以在该模块中创建、修改各个不同的部件。

（2）Property 模块：可以根据实际工程的特性定义各个不同的材料属性，通过分区将不同的材料赋予不同的截面，最后再把相应的截面赋予部件，实现对整个部件材料参数的定义。

（3）Assembly 模块：Part 模块当中创建的是零件，而 Assembly 模块负责将这些零件组装成为产品，一个 ABAQUS 模型中只包含一个装配件。

（4）Step 模块：可以根据不同的计算结果设置一系列不同类型的分析步，各个分析步中的分析类别、载荷与边界条件可以相应变化。

（5）Interaction 模块：根据实际模型分析的需要，可以通过该模块指定不同区域之间的相互作用，如力学、热学等，两个物体的接触、约束等。

（6）Load 模块：用于定义载荷、边界和场变量。在该模块中定义的载荷和边界条件必须与前面的分析步相对应，使其在相应的分析步中发挥作用。

（7）Mesh 模块：可以根据实际问题分析的需要提供不同层面上的网格划分工具。

（8）Job 模块：可以创建、编辑和提交分析作业，生成 .inp 文件，并对任务的运行过程进行监控和终止等操作。

（9）Visualization 模块：即后处理模块。可获得模型与结果信息，可以对等值线云图、网格变形图、矢量图、XY 曲线图等多种形式的结果进行后处理，并可将结果导出至外部数据文件中。

（10）Sketch 模块：可用来生成二维轮廓图形、部件等。

在 ABAQUS/CAE 中进行数值模型创建时通常有两种次序。

（1）Sketch→Part→Property→Assembly→Step→Interaction→Load→Mesh→Job→Visualization。运用这种建模次序时，材料、荷载等条件都定义在最开始创建的模型上，没定义在网格的单元与节点上，故如果在分析中模型出现问题需要修改时可以避免重新定义材料与边界等模型参数。

（2）Sketch→Part→Mesh→Property→Assembly→Step→Interaction→Load→Job→Visualization。这种建模次序是指在划分网格之后再定义材料、荷载与边界等其他的参数，故当网格存在问题不能满足分析需求需要进一步划分时，需重新定义模型参数，带来不必要的工作量。

4.2　非饱和渗流与流固耦合分析

地下水的渗流对尾矿坝的稳定性影响很大，为了分析尾矿坝的稳定性，有必要先对尾矿坝的渗流场进行分析。对于实际尾矿库工程，非饱和与饱和渗流同时存在，即属于自由面（浸润面）的渗流问题。浸润面以下区域坝体处于饱和状态，浸润面以上坝体则呈现非饱和状态。为此，下面渗流相关的理论知识进行适当介绍，为后面的渗流计算提供理论基础。

4.2.1　达西定律

法国工程师达西（Darcy）于 1856 年在垂直圆管中装入砂石进行渗透试验[2]，最终发现了著名的达西定律：

$$Q = Ak\frac{h_1 - h_2}{L} \tag{4.1}$$

该定律表明渗流量 Q 不仅与圆管的截面面积 A 和圆管渗径的长度 L 有关，还与水头差 $h_1 - h_2$ 以及砂土结构和流体性质等有关，这里用 k 来表示砂土特性，对于特定的土体，k 值为常数。

式（4.1）也可表示为：

$$v = \frac{Q}{A} = -k\frac{\mathrm{d}h}{\mathrm{d}S} = kJ \tag{4.2}$$

$$h = z + \frac{p}{\gamma} \tag{4.3}$$

式中，v 为截面 A 上的平均流速（达西流速）；J 为水力梯度，即为流程 S 的水头损失率; k 为能反映土体渗透能力的系数, 即渗透系数; h 为测压管水头; z 为水头高度; p 为压强; γ 为水的容重。

4.2.2 渗流基本方程

4.2.2.1 连续性方程和微分方程

地下水运动的连续性方程, 根据质量守恒定律进行推导[2], 即渗流场中流体质量在某一单元内积累的速率等于进出该单元体内流体质量随时间变化的速率, 简单地说就是保证单元体内流体质量保持一定的值, 从而可得三维流体渗流的连续性方程:

$$-\left(\frac{\partial u}{\partial x} + \frac{\partial v}{\partial y} + \frac{\partial w}{\partial z}\right) = S' \frac{\partial h}{\partial t} \tag{4.4}$$

式中, S' 为储水率; t 为时间。

通常把土体和流体考虑为不可压缩, 即储水率 $S' = 0$, 此时为稳定渗流状态, 其连续性方程为:

$$\frac{\partial u}{\partial x} + \frac{\partial v}{\partial y} + \frac{\partial w}{\partial z} = 0 \tag{4.5}$$

将式 (4.4) 代入式 (4.5) 得稳定渗流微分方程为:

$$\frac{\partial h}{\partial x}\left(k_x \frac{\partial h}{\partial x}\right) + \frac{\partial h}{\partial y}\left(k_y \frac{\partial h}{\partial y}\right) + \frac{\partial h}{\partial z}\left(k_z \frac{\partial h}{\partial z}\right) = 0 \tag{4.6}$$

若土体渗透性表现为各向同性, 即 $k_x = k_y = k_z$, 则方程变为:

$$\frac{\partial^2 h}{\partial x^2} + \frac{\partial^2 h}{\partial y^2} + \frac{\partial^2 h}{\partial z^2} = 0 \tag{4.7}$$

或表示为:

$$\nabla h = 0 \tag{4.8}$$

4.2.2.2 渗流边界条件

为方便说明, 图 4.1 给出土坝渗流的基本边界条件, 具体为:

(1) S_1 为已知总水头边界条件, 即总水头 $\phi_1 = h_1$, 对于已知总水头边界条件, ABAQUS/Standard 中指定边界上的孔隙水压力即可, 即 $u_w = (h_2 - z)\gamma_w$, γ_w 为流体容重。

(2) S_2 为已知总水头边界条件, 同样有 $\phi_2 = h_2$。并指定边界上的孔隙水压力为 $u_w = (h_2 - z)\gamma_w$。

(3) S_3 为不透水边界条件, 即通过该边界的流量为零, 在 ABAQUS 中默认所有的边界条件为不透水边界, 所以在分析中并不需要专门定义。

(4) S_4 为浸润面, 在分析之前是未知的。在该边界上孔压 u_w 为零, 即总水

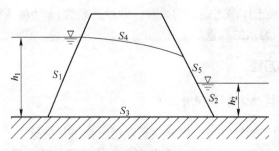

图 4.1 土坝渗流边界条件

头等于位置水头 z。在传统的渗流分析中，该边界也被看作是不透水边界，即渗流只在饱和区内发生，浸润面是饱和区最上方的流线。

（5）S_5 为自由边界条件，孔压 u_w 为 0，且渗流能沿着下游坡面流动，ABAQUS 分析中提供了专门针对孔隙流体的特殊边界条件，可以满足这一要求。

4.2.2.3 渗流场有限元离散

在有限元中使用有限个单元数代替连续的渗流场。在确定渗流场的边界以后，将整个渗流场 Ω 用单元网格离散化，由于模型的不规则性，对于二维问题，通常选用三角形单元来进行网格划分；对于三维问题，则选用四面体单元，其原因是三角形、四面体单元的使用范围广、适应性强。通常可将 ABAQUS 单元划分为以下 3 类：

（1）线性（linear）单元。即仅在单元的角点处布置节点，且在个方向都采用线性插值[3]。

（2）二次（quadratic）单元。又称为二阶单元，即在每条边上有中间节点，采用二次插值[3]。

（3）修正的二次（modified quadratic）单元。只有三角形或四面体单元才有该类型，即在每条边上有中间节点，并采用修正的二次插值[4]。

在这里采用修正二次四面体单元（C3D10M）类型，如图 4.2 所示。对于四面体单元，与三角形单元相类似，插值函数是在三维坐标内的各次完全多项式。

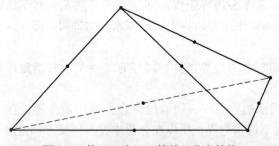

图 4.2 修正二次四面体单元节点结构

在各个面上的节点配置和同次的二维三角形单元相同，函数是相应的二维的完全多项式，从而可以保证单元之间的协调性。

根据三维四面体单元的几何特点，采用与二维三角形类似的想法，引进体积坐标，如图4.3所示，单元内任一点 P 的体积坐标是：

$$L_1 = \frac{\text{vol}(P234)}{\text{vol}(1234)}$$

$$L_2 = \frac{\text{vol}(P341)}{\text{vol}(1234)}$$

$$L_3 = \frac{\text{vol}(P412)}{\text{vol}(1234)} \qquad (4.9)$$

$$L_4 = \frac{\text{vol}(P123)}{\text{vol}(1234)}$$

并且有：

$$L_1 + L_2 + L_3 + L_4 = 1 \qquad (4.10)$$

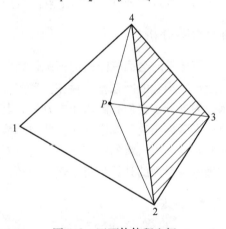

图4.3　四面体体积坐标

当引入体积坐标以后，对于四面体单元的插值函数可以根据二维的三角形单元的构造方法[4]得到。

（1）线性单元：

$$N_i = L_i \qquad (i = 1,2,3,4) \qquad (4.11)$$

（2）二次单元：

1）角结点：

$$N_i = (2L_i - 1)L_i \qquad (i = 1,2,3,4) \qquad (4.12)$$

2）棱内结点：

$$N_5 = 4L_1L_2$$

$$N_6 = 4L_1L_3$$
$$N_7 = 4L_1L_4$$
$$N_8 = 4L_2L_3$$
$$N_9 = 4L_3L_4$$
$$N_{10} = 4L_2L_4 \tag{4.13}$$

由于离散单元组成的渗流场的插值函数对整个渗流场而言也是连续的，因此渗流场水头分布取决于各节点的水头值大小，已知单元的形函数 N_i 是由单元体相应 N 个结点的位置坐标构成，则其单元内任一点的水头函数 H 可表示为：

$$H = \sum_{i=1}^{N} N_i H_i \tag{4.14}$$

根据变分原理和有限元原理，从渗流微分方程式（4.6）出发，根据一系列公式推导[4]（这里不做详细推导）可得渗流整体矩阵为：

$$KH = F \tag{4.15}$$

式中，K 为渗流矩阵；H 为结点水头列阵；F 为结点流量列阵。

4.3 降雨对尾矿坝的影响分析

由于尾矿库等露天建筑体随时会面临降雨的情况，因此单一对尾矿库进行渗流分析是不够的，实际上流固耦合的问题普遍存在。首先，降雨会降低岩土体的抗剪强度，同时库内水位的抬升也会使孔隙水压力升高；其次，长时间高强度降雨会使得稳定地下水位以上区域出现暂态饱和区，此时相应区域也会出现孔隙水压力升高的情况，因此需要在雨水入渗的瞬态渗流情况下对尾矿坝库体应力应变的影响进行研究。具体理论在后面的计算分析中逐一介绍。

4.3.1 饱和度对渗透系数的影响

ABAQUS 通过折减系数 k_s 来考虑饱和度对渗透系数的影响，若出现非饱和渗流，ABAQUS 会有以下默认，即：

$$\text{当 } S_r < 1.0 \text{ 时，} \quad k_s = (S_r)^3; \qquad S_r \geq 1.0 \text{ 时，} \quad k_s = 1 \tag{4.16}$$

计算中渗透系数 k 按照饱和度的不同修正为：

$$k = k_s k \tag{4.17}$$

4.3.2 饱和度和基质吸力的关系

在土体这种孔隙材料中，土体的非饱和意味着总孔隙水压力 $u_w < 0$，$-u_w$ 反映了材料的毛细吸力（基质吸力），考虑到土体可能出现吸湿和脱水的特性，则在某一基质吸力作用下，土体的饱和度应处于一个范围，如图 4.4 所示。

ABAQUS 在分析图的非饱和问题时，必须分别指定图 4.4 中的吸湿曲线、脱

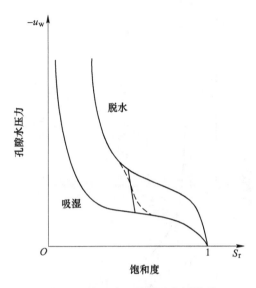

图 4.4 饱和度和基质吸力的关系

水曲线以及两者之间的变化规律；否则，不论 u_w 值为多少，ABAQUS 都会将土视为完全饱和状态，这就达不到非饱和渗流分析的目的。

在定义吸湿和脱水曲线时，除了可直接给出表格数据以外，ABAQUS 还提供了按照理论公式定义的方法，具体方程为：

$$u_w = \frac{1}{B} \ln \left[\frac{S_r - S_{r0}}{(1 - S_{r0}) + A(1 - S_r)} \right], \ S_{r1} < S_r < 1$$

$$u_w = u_w \mid_{S_{r1}} - \frac{\mathrm{d}u_w}{\mathrm{d}S_r} \mid_{S_{r1}} (S_{r1} - S_r), \ S_{r0} < S_r < S_{r1} \qquad (4.18)$$

式中，A、B 为土体参数，由试验确定；S_{r0} 和 S_{r1} 的含义如图 4.5 所示。

4.3.3 降雨入渗理论

尾矿坝的降雨入渗是一种典型的非饱和流固耦合问题，材料的渗透系数随基质吸力、饱和度与基质吸力有以下关系：

$$K_w = a_w K_{ws} / \{ a_w + [b_w \times (u_a - u_w)]^{c_w} \}$$

$$S_r = S_i + (S_{max} - S_i) a_s / \{ a_s + [b_s \times (u_a - u_w)]^{c_s} \} \qquad (4.19)$$

式中，K_{ws} 为土体饱和时的渗透系数；u_a、u_w 分别为土体中的气压和水压力；a_w、b_w、c_w 为材料系数；S_r 为饱和度；S_i 为残余饱和度；S_{max} 为最大饱和度；a_s、b_s、c_s 为材料常数。

降雨入渗的过程十分复杂，Main 和 Larson 采用由降雨强度 q、土壤允许入渗的容量 f_p 以及土壤饱和时的水力传导系数 K_{ws} 这 3 个因子描述降雨入渗的过程与

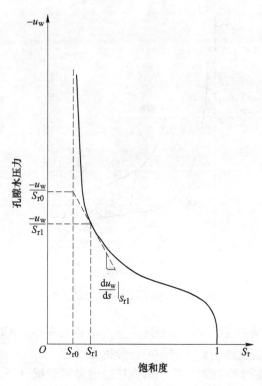

图 4.5　吸湿和脱水曲线的理论曲线

行为：

（1）当 $q<K_{ws}$ 时，地表径流不会发生，降雨将全部入渗，此时水的入渗率保持不变。

（2）当 $f_p>q>K_{ws}$ 时，所有的雨水全部渗入，f_p 随着深度 z 的增加而变小，但此时降雨强度还未达到土壤允许入渗的容量，故入渗率并不会降低，且入渗率很高。此时坡面为流量边界。

（3）当 $q>f_p$ 时，由于降雨强度大于土壤的入渗容量，故部分降雨并不会入渗，此时将会形成地表径流。土体基本处于饱和状态，入渗率在降雨达到入渗容量以后逐渐降低。

根据实际情况，本书中考虑第二种材料，此时降雨边界函数以降雨强度，即单位流通量 $q(\mathrm{m/s})$ 表示，并排除降雨所造成的库内积水现象。

4.4　尾矿坝稳定性分析方法

尾矿坝稳定性分析一直是岩土工程中的重要研究领域。目前，尾矿坝的稳定性分析方法主要有两类，即极限平衡法和数值分析（有限元）法。

4.4.1　极限平衡法

极限平衡法[5,6]，又叫极限平衡条分法，以安全系数来评价边坡的稳定性，其原理简单，物理意义明确。由于其原理简单，该方法适用性强，能够直接提供坝体稳定性的定量结果，因而是目前工程实践中应用较为广泛的一种稳定性计算方法。

极限平衡法的基本思路是：假定坝体破坏是沿着土体内某一确定的滑移面滑动，做一定的假设消除超静定性，再根据滑裂土体的静力平衡条件和摩尔-库仑破坏准则计算沿该滑裂面滑动的可能性，即安全系数 F_s 的大小，然后系统选取多个可能的滑动面，并计算相应的安全系数 F_s。通过比较，安全系数 F_s 值最小所对应的滑移面就是最大可能滑动的面。其理论基础是极限平衡理论，即当滑坡体的抗剪强度降低 F_s 倍时，坡体内存在一个达到平衡状态的滑面，此时，滑体处于临界失稳状态，处于极限平衡状态下的滑面满足摩尔-库仑准则，此时，F_s 为坡体的安全系数。

为求得安全系数 F_s，假定分析的滑体为刚体，并将其划分为若干垂直条块，当然也可以任意划分，但必须假设条块之间不会变形，对单个条块进行受力分析。根据图 4.6 建立条块平衡方程（包括水平、垂直以及力矩静力平衡方程），以及一个摩尔-库仑准则，共 4 个方程求解 F_s。

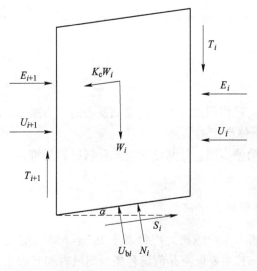

图 4.6　条块受力

对于每个条块可建立 4 个方程, 满足 3 个静力平衡方程, 即:

$$\sum X_i = 0 \qquad E_i - E_{i+1} + U_i - U_{i+1} + N_i\sin\alpha_i - S_i\cos\alpha_i + K_cW_i = 0$$

$$\sum Y_i = 0 \qquad T_{i+1} - T_i + S_i\sin\alpha_i + N_i\cos\alpha_i - W_i = 0$$

$$\sum M = 0 \qquad \sum M_{i(o)} = 0$$

$$(4.20)$$

和摩尔-库仑准则破坏方程, 即:

$$\tau = c + \sigma\tan\varphi \tag{4.21}$$

故有:

$$S_i = (U_i - U_{i+1})\frac{\tan\varphi_i}{F_s} + \frac{c_iL_i}{F_s} \tag{4.22}$$

当条块宽度足够小时, 可假定地面合力作用点位于地面中点处, 这样可减少 n 个未知量。但由于 n 个条块有 $4n$ 个平衡方程, 所以出现了力学中的超静定问题, 因此, 人们根据不同的假设提出了各种极限平衡条分法。

4.4.1.1　简化 Bishop 法

Bishop 法[7]设滑面为圆弧面, 安全系数为对滑面旋转中心的抗滑力矩与下滑力矩之比, 每个条块处于力的平衡状态, 整个滑体满足力矩平衡但不考虑每一条块的力矩平衡, 并假设条块之间的力都是水平方向的, 即条块之间没有摩擦力。所以简化 Bishop 法的安全系数公式为:

$$F_s = \frac{\sum_{i=1}^{n}\left[c_iL_i\cos\alpha_i + (W_i - U_{bi}\cos\alpha_i)\tan\varphi_i \dfrac{\text{arccos}\alpha_i}{1 + \dfrac{\tan\varphi_i}{F_s}\tan\alpha_i}\right]}{\sum_{i=1}^{n}K_cW_i\dfrac{e_i}{R} + \sum_{i=1}^{n}W_i\sin\alpha_i} \tag{4.23}$$

式中, e_i 为滑块上 K_cW 作用点与圆弧滑动面圆心的垂直距离; R 为圆弧滑动面的半径; α_i 为第 i 块滑体滑面的倾角。

简化 Bishop 法简便实用, 计算结果与实际情况较为符合, 所以在国内外使用也较为普遍。

4.4.1.2　瑞典圆弧条分法

瑞典圆弧条分法[8]是由瑞典人皮得森于 1916 年对均质边坡圆弧形滑面进行计算分析时提出的, 其主要思路是假设各条块间没有相互作用力, 安全系数为每一条块在破裂面上所能提供的抗滑力矩总和与滑动力矩总和之比, 根据式 (4.20) 中前两个方程可得:

$$N_i = W_i\cos\alpha_i - (U_i - U_{i+1})\sin\alpha_i - K_c W_i\sin\alpha_i$$

$$S_i = W_i\sin\alpha_i + (U_i - U_{i+1})\cos\alpha_i + K_c W_i\cos\alpha_i \tag{4.24}$$

对式（4.22）两边 n 个条块求和，再将式（4.24）代入，可得安全系数 F_s 为：

$$F_s = \frac{\sum_{i=1}^{n}\left[W_i\cos\alpha_i - K_c W_i\sin\alpha_i - (U_i - U_{i+1})\sin\alpha_i - U_i\right]\tan\varphi_i + \sum_{i=1}^{n}c_i L_i}{\sum_{i=1}^{n}\left[W_i\sin\alpha_i + (U_i - U_{i+1})\cos\alpha_i + K_c W_i\cos\alpha_i\right]}$$

$$\tag{4.25}$$

该方法适用于内聚力 c 较小的圆弧形滑面，使用简便，但由于没有考虑条块之间的作用力，因此求的安全系数较为保守。

4.4.1.3　简布法

简布法[9]假设条块间作用力的作用点位置已知，故可以画出各个条块作用点连成的"推力作用线"，再利用力矩平衡条件把条块侧向垂直作用力 T 表示为水平作用力 E 的函数，以此解决。通常情况下，条块间作用力的作用点位于距滑面（$1/3\sim1/2$）h（h 为条块高度）处。

由于条块侧向垂直作用力 T 可以表示为水平作用力 E 的函数，则根据式（4.22）中前两个方程和整个滑体水平作用力满足 $\sum(E_i - E_{i+1}) = 0$，可得该法的安全系数公式为：

$$F_s = \frac{\sum_{i=1}^{n}\left[c_i L_i\cos\alpha_i + (W_i + T_i - T_{i+1} - U_{bi}\cos\alpha_i)\tan\varphi_i\dfrac{\arccos\alpha_i}{1 + \dfrac{\tan\varphi_i}{F_s}\tan\alpha_i}\right]}{\sum_{i=1}^{n}K_c W_i + \sum_{i=1}^{n}(W_i + T_i - T_{i+1})\tan\alpha_i}$$

$$\tag{4.26}$$

若忽略式（4.26）中的垂直作用力 T，即令 $T=0$，则式（4.26）变为：

$$F_s = \frac{\sum_{i=1}^{n}\left[c_i L_i\cos\alpha_i + (W_i - U_{bi}\cos\alpha_i)\tan\varphi_i\dfrac{\arccos\alpha_i}{1 + \dfrac{\tan\varphi_i}{F_s}\tan\alpha_i}\right]}{\sum_{i=1}^{n}K_c W_i + \sum_{i=1}^{n}W_i\tan\alpha_i}$$

$$\tag{4.27}$$

此时可直接迭代求解安全系数，称忽略垂直侧向条间力的简布法为简化的简布法。

当然，极限平衡法还有其他的一些方法，如斯宾塞法、沙尔玛法以及余推力法等，之所以有不同的方法产生，就是因为在之前介绍时由于出现了超定性问题，使得分析计算时需要采用一定的假设来使问题变为静定问题。而不同的方法假设条件也不同，但所有这些方法都是假定土体为理想塑性材料，且把土体视为刚体，然后按极限平衡法的原则进行分析，并没有考虑土体本身的应力-应变关系等。

极限平衡方法本身没有很好地考虑土体内部的应力-应变关系，而且工作状态也是虚拟的，所以求出的土体间内力以及滑移面底部反作用力等并不是土体在产生滑移变形时真实存在的力，因而根据计算结果无法分析破坏发生和发展过程等。

4.4.2　有限元方法

有限单元法[10]从本构方程出发，可以求解真实的应力分布，可以方便地求解岩土体塑性区等的发展过程，解决土体稳定性问题。近年来随着计算机技术飞速发展，数值分析方法在岩土工程中的应用也得到了很好的发展。利用有限元法，考虑土体的非线性本构关系，求出每一计算单元的应力及变形，根据不同的强度指标确定破坏区的位置及破坏范围扩展的情况，并设法将局部破坏和整体破坏联系起来，求得合适的临界滑裂面的位置；再根据土坡在正常工作状态和整体失稳下土体内力分布状况，确定一个破坏准则，以此来衡量土坡的安全程度，这就完全脱离了极限平衡这个范畴，这是土坡稳定性分析的一个新的途径。其优点主要有：

（1）它考虑了岩土体的应力-应变关系，求出每一单元的应力与变形，反映了岩体真实工作状态。

（2）与极限平衡法相比，不需要进行条间力的简化，岩体自始至终处于平衡状态。

（3）不需要像地质力学方法和极限平衡法一样事先假定边坡的滑动面，边坡的变形特性、塑性区形成都根据实际应力应变状态"自然"形成。

（4）若岩体的初始应力已知，可以模拟有构造应力边坡的受力状态。

（5）不但能像极限平衡法一样模拟边坡的整体破坏，还能模拟边坡的局部破坏，把边坡的整体破坏和局部破坏纳入统一的体系。

（6）可以模拟边坡的开挖过程，描述和反应岩体中存在的节理裂隙、断层等构造面。

有限元分析中，通常都是根据边坡的位移场、应力场以及塑性区来间接地评价，或利用有限元计算出应力分布之后再利用极限平衡法来计算安全系数指标，该法十分烦琐且结果往往难以解释，也很难被工程技术人员所接受，而强度折减法[11]（shear strength reduction technique）通过有限元法分析获得安全系数，不仅保持了有限元在模拟复杂问题上的优点，而且概念明确、结果直观，在工程中有越来越多的应用。

4.4.2.1　强度折减法基本原理

强度折减法最早由 Zienkiewicz 等人提出，后被众多学者广泛采用，并提出了一个抗剪强度折减系数的概念，其定义为：在外载荷保持不变条件下，边坡内土体所能提供的最大抗剪强度与外荷载在边坡内所产生的实际剪应力之比。在极限状况下，外荷载所产生的实际剪应力与抵御外荷载所发挥的最低抗剪强度（即按照实际强度指标折减后所确定的、实际中得以发挥的抗剪强度）相等。当假定边坡内所有土体抗剪强度的发挥程度相同时，这种抗剪强度折减系数相当于传统意义上的边坡整体稳定安全系数 F_s，又称为强度储备安全系数，与极限平衡法中所给出的稳定安全系数在概念上是一致的。

折减后的抗剪强度参数可分别表达为：

$$c_m = \frac{c}{F_r}$$

$$\varphi_m = \arctan\left(\tan\frac{\varphi}{F_r}\right) \tag{4.28}$$

式中，c 和 φ 为土体所能提供的抗剪强度；c_m 和 φ_m 为维持平衡所需要的或土体实际发挥的抗剪强度；F_r 为强度折减系数。

采用该法计算时假定不同的强度折减系数 F_r，根据折减后的强度参数进行有限元分析，观察计算是否收敛，在整个计算过程中不断增加 F_r，当达到临界破坏时的强度折减系数 F_r 就是边坡的稳定安全系数 F_s。目前判断土坡达到临界破坏的评价标准主要有以下几种：

（1）以数值计算是否收敛作为评价标准，与有限元的算法无关。

（2）以特征部位的位移拐点作为评价标准。

（3）以是否形成连续的塑性贯通区作为评价标准。

4.4.2.2　强度折减法在 ABAQUS 中的实现

目前，在 ABAQUS 中并没有内置强度折减法，但实现起来很简单。强度折减法的基本原理就是材料的黏聚力 c 和摩擦角 φ 逐渐降低，导致某单元的应力无法和强度匹配，即超出了屈服面，不能承受的应力逐渐转移至周围单元中去，以此类推，当出现连续滑动面（屈服点连成贯通面）之后，土体将失稳。

在 ABAQUS 中可以通过定义材料参数（c、φ）随着场变量发生变化来实现强度参数减小的过程。主要步骤为：

（1）定义一个场变量，通常取强度折减系数 F_r。

（2）定义随场变量变化的材料模型参数。

（3）分析之前定义的场变量大小，为避免一开始发生破坏，F_r 可取的较小。

（4）对模型施加重力（体力）载荷，建立平衡应力状态。

（5）在后续步中线性增加场变量 F_r，即降低材料强度，计算终止（计算不收敛）后进行结果分析，并确定安全系数 F_s。

4.5　尾矿坝非线性动力分析基础

4.5.1　尾矿材料本构模型

尾矿的应力应变关系很复杂，通常具有非线性、弹塑性、剪胀性和各向异性等特点。迄今为止，学者们提出的本构模型都是针对某一类加载条件下尾矿土的主要特性，并没有一种本构模型能全面、准确地表示任意加载条件下各类尾矿土的本构特性。

4.5.1.1　应力状态简介

尾矿土中任一点的应力状态均可以由该点的应力分量来表示：

$$\boldsymbol{\sigma} = (\sigma_{ij}) = \begin{bmatrix} \sigma_{11} & \sigma_{12} & \sigma_{13} \\ \sigma_{21} & \sigma_{22} & \sigma_{23} \\ \sigma_{31} & \sigma_{32} & \sigma_{33} \end{bmatrix} = \begin{bmatrix} \sigma_x & \sigma_{xy} & \sigma_{xz} \\ \sigma_{yx} & \sigma_y & \sigma_{yz} \\ \sigma_{zx} & \sigma_{zy} & \sigma_z \end{bmatrix} \tag{4.29}$$

将应力分量分解为偏应力 s 和平均应力 p，则有

$$s = \boldsymbol{\sigma} + p\boldsymbol{I} \tag{4.30}$$

式中，$p = -\dfrac{1}{3}\mathrm{trac}(\sigma)$ 为平均应力，在 ABAQUS 中又称为等效压应力（equivalent pressure stress）；$\boldsymbol{I}$ 为单位矩阵。

应力张量的 3 个不变量为：

$$I_1 = \sigma_x + \sigma_y + \sigma_z = \sigma_1 + \sigma_2 + \sigma_3$$

$$I_2 = -\sigma_x\sigma_y - \sigma_y\sigma_z - \sigma_z\sigma_x + \tau_{xy}^2 + \tau_{yz}^2 + \tau_{zx}^2 = -(\sigma_1\sigma_2 + \sigma_2\sigma_3 + \sigma_3\sigma_1)$$

$$I_3 = \sigma_x\sigma_y\sigma_z + 2\tau_{xy}\tau_{yz}\tau_{zx} - \sigma_x\tau_{yz}^2 - \sigma_y\tau_{zx}^2 - \sigma_z\tau_{xy}^2 = \sigma_1\sigma_2\sigma_3$$

$$\tag{4.31}$$

偏应力张量实质上是另一种特殊的应力张量，相应的 3 个不变量为：

$$J_1 = S_x + S_y + S_z = S_1 + S_2 + S_3 = 0$$

$$J_2 = \frac{1}{2}(S_x^2 + S_y^2 + S_z^2) + S_{xy}^2 + S_{yz}^2 + S_{zx}^2 = -S_1S_2 - S_2S_3 - S_3S_1 \quad (4.32)$$

$$J_3 = S_xS_yS_z + 2S_{xy}S_{yz}S_{zx} - S_xS_{yz}^2 - S_yS_{zx}^2 - S_zS_{xy}^2 = S_1S_2S_3$$

在这些不变量中，最常用的就是平均应力 $p = -\frac{1}{3}\text{trac}(\sigma)$ 和 J_2，对于 J_2 通常更习惯用 $q = \sqrt{3J_2}$ 的形式，即岩土工程中常说的偏应力，在 ABAQUS 中称为等效 Mises 偏应力（Mises equivalent stress）。

4.5.1.2 线弹性模型

线弹性模型基于胡克定律，包括各向同性弹性模型、正交各向异性模型和横观各向异性模型。值得注意的是，线弹性模型适用于任何单元。

（1）各向同性弹性模型。根据弹性力学[12]知识可以知道，各向同性线弹性模型的应力-应变表达式为：

$$\begin{bmatrix} \varepsilon_{11} \\ \varepsilon_{22} \\ \varepsilon_{33} \\ \gamma_{12} \\ \gamma_{13} \\ \gamma_{23} \end{bmatrix} = \begin{bmatrix} 1/E & -\nu/E & -\nu/E & 0 & 0 & 0 \\ -\nu/E & 1/E & -\nu/E & 0 & 0 & 0 \\ -\nu/E & -\nu/E & 1/E & 0 & 0 & 0 \\ 0 & 0 & 0 & 1/G & 0 & 0 \\ 0 & 0 & 0 & 0 & 1/G & 0 \\ 0 & 0 & 0 & 0 & 0 & 1/G \end{bmatrix} \begin{bmatrix} \sigma_{11} \\ \sigma_{22} \\ \sigma_{33} \\ \sigma_{12} \\ \sigma_{13} \\ \sigma_{23} \end{bmatrix} \quad (4.33)$$

这里涉及的独立参数只有弹性模量 E 和泊松比 ν，其可以随温度和其他场变量变化。

（2）正交各向异性弹性模型。正交各向异性的独立参数为 9 个，分别是 3 个正交方向的杨氏模量 E_1、E_2 和 E_3，3 个泊松比 ν_{12}、ν_{13} 和 ν_{23}，3 个剪切模量 G_{12}、G_{13} 和 G_{23}，其应力-应变的表达式为：

$$\begin{bmatrix} \varepsilon_{11} \\ \varepsilon_{22} \\ \varepsilon_{33} \\ \gamma_{12} \\ \gamma_{13} \\ \gamma_{23} \end{bmatrix} = \begin{bmatrix} 1/E_1 & -\nu_{21}/E_2 & -\nu_{31}/E_3 & 0 & 0 & 0 \\ -\nu_{12}/E_1 & 1/E_2 & -\nu_{32}/E_3 & 0 & 0 & 0 \\ -\nu_{13}/E_1 & -\nu_{23}/E_2 & 1/E_3 & 0 & 0 & 0 \\ 0 & 0 & 0 & 1/G_{12} & 0 & 0 \\ 0 & 0 & 0 & 0 & 1/G_{13} & 0 \\ 0 & 0 & 0 & 0 & 0 & 1/G_{23} \end{bmatrix} \begin{bmatrix} \sigma_{11} \\ \sigma_{22} \\ \sigma_{33} \\ \sigma_{12} \\ \sigma_{13} \\ \sigma_{23} \end{bmatrix}$$

$$(4.34)$$

（3）横观各向同性弹性模型。在正交各向异性模型中，如果材料的某个平面上的性质相同，即为横观各向同性弹性体，假定 1-2 平面为各向同性平面，那

么有 $E_1 = E_2 = E_p$，$\nu_{13} = \nu_{23} = \nu_{pt}$，$\nu_{31} = \nu_{32} = \nu_{tp}$ 以及 $G_{13} = G_{23} = G_t$。其中 p 和 t 分别代表横观各向同性体的横向和纵向，所以，横观各向同性体的应力-应变表达式为：

$$
\begin{bmatrix} \varepsilon_{11} \\ \varepsilon_{22} \\ \varepsilon_{33} \\ \gamma_{12} \\ \gamma_{13} \\ \gamma_{23} \end{bmatrix} = \begin{bmatrix} 1/E_p & -\nu_p/E_p & -\nu_{tp}/E_t & 0 & 0 & 0 \\ -\nu_p/E_p & 1/E_p & -\nu_{tp}/E_t & 0 & 0 & 0 \\ -\nu_{pt}/E_p & -\nu_{pt}/E_p & 1/E_t & 0 & 0 & 0 \\ 0 & 0 & 0 & 1/G_p & 0 & 0 \\ 0 & 0 & 0 & 0 & 1/G_p & 0 \\ 0 & 0 & 0 & 0 & 0 & 1/G_p \end{bmatrix} \begin{bmatrix} \sigma_{11} \\ \sigma_{22} \\ \sigma_{33} \\ \sigma_{12} \\ \sigma_{13} \\ \sigma_{23} \end{bmatrix}
$$

(4.35)

式中，$G_p = E_p/2(1 + \nu_p)$。

所以该模型中的独立参数为 5 个，横观各向同性弹性模型与正交各向异性的用法相同。

4.5.1.3　各向异性弹性模型

完全各向异性的弹性体模型的独立参数为 21 个，其应力-应变表达式为：

$$
\begin{bmatrix} \sigma_{11} \\ \sigma_{22} \\ \sigma_{33} \\ \sigma_{12} \\ \sigma_{13} \\ \sigma_{23} \end{bmatrix} = \begin{bmatrix} D_{1111} & D_{1111} & D_{1111} & D_{1111} & D_{1111} & D_{1111} \\ & D_{2222} & D_{2233} & D_{2212} & D_{2213} & D_{2223} \\ & & D_{3333} & D_{3312} & D_{3313} & D_{3323} \\ & & & D_{1212} & D_{1213} & D_{1223} \\ & & & & D_{1313} & D_{1323} \\ & & & & & D_{2323} \end{bmatrix} \begin{bmatrix} \varepsilon_{11} \\ \varepsilon_{22} \\ \varepsilon_{33} \\ \gamma_{12} \\ \gamma_{13} \\ \gamma_{23} \end{bmatrix}
$$

(4.36)

另外，还有一种非线性的各向同性弹性模型叫作多孔介质弹性模型，其基本理论就是认为平均应力是体积应变的指数函数，更准确地说是弹性体积应变与平均应力的对数成正比，这里不再详述。

4.5.1.4　塑性模型

本书所涉及的塑性模型是指弹塑性本构关系中的塑性部分，弹塑性本构关系中的弹性部分由弹性模型来定义。

A　Mohr-Coulomb（摩尔-库仑）模型

Mohr-Coulomb 塑性模型主要适用于单调载荷下的颗粒状材料，在岩土工程中应用非常广泛，下面简单介绍该模型的基本理论。

a　屈服面函数

Mohr-Coulomb 模型屈服函数为：

$$
F = R_{mc}q - p\tan\varphi - c = 0
$$

(4.37)

式中，φ 为 q-p 应力平面上 Mohr-Coulomb 屈服面的倾斜角，即材料的摩擦角，大小范围为 $0° \leqslant \varphi \leqslant 90°$；$c$ 是材料的黏聚力；R_{mc}（θ，φ）可按式（4.38）计算，其控制了屈服面在 π 平面的形状。

$$R_{mc} = \frac{1}{\sqrt{3}\cos\varphi}\sin\left(\theta + \frac{\pi}{3}\right) + \frac{1}{3}\cos\left(\theta + \frac{\pi}{3}\right)\tan\varphi \tag{4.38}$$

式中，θ 为极偏角，定义为 $\cos(3\theta) = \dfrac{r^3}{q^3}$；$r$ 是第三偏应力不变量 J_3。

b 塑性势面

由于 Mohr-Coulomb 屈服面存在尖角，如采用相关联的流动法则（即塑性势面与屈服面相同）。将会在尖角处出现塑性流动方向不是唯一的现象，导致数值计算的烦琐和收敛缓慢，为了避免这些问题，ABAQUS 采用了连续光滑的椭圆函数作为塑性势面，

$$G = \sqrt{(\varepsilon c_0\tan\psi)^2 + (R_{mc}q)^2} - p\tan\psi \tag{4.39}$$

式中，ψ 为剪胀角；c_0 为初始黏聚力，即没有塑性变形时的黏聚力；G 为剪切模量；ε 为子午面上的偏心率，其控制着 G 在子午面上的形状与函数的渐近线之间的相似度。

B 扩展的 Drucker-Prager 模型

下面简单介绍扩展的 Drucker-Prager 模型（即对经典的 Drucker-Prager 模型的扩展）。屈服面在子午面的形状可以通过线性函数或指数函数模型模拟，其在 π 面上的形状也有所区别。

a 屈服面

线性 Drucker-Prager 模型的屈服面函数为：

$$F = t - p\tan\beta - d = 0 \tag{4.40}$$

式中，$t = \dfrac{q}{2}\left[1 + \dfrac{1}{k} - \left(1 - \dfrac{1}{k}\right)\left(\dfrac{r}{q}\right)^3\right]$；$\beta$ 为屈服面在 p-t 应力空间上的倾角，与摩擦角 φ 有关；k 为三轴拉伸强度与三轴压缩强度之比；d 为屈服面在 p-t 应力空间 t 轴上的截距。

b 塑性势面

线性 Drucker-Prager 模型的塑性势面函数为：

$$G = t - p\tan\psi \tag{4.41}$$

由于塑性势面与屈服面不相同，流动法则是非关联的。当 $\psi = \beta$，$k = 1$ 时，线性 Drucker-Prager 模型即退化为经典的 Drucker-Prager 模型。另外还有双曲线型、指数型 Drucker-Prager 塑性模型以及修正 Drucker-Prager 盖帽模型[13]，这里就不做介绍了。

C　Mohr-Coulomb 模型与 Drucker-Prager 模型参数之间关系

Drucker-Prager 模型与 Mohr-Coulomb 模型参数并不一致。如 Mohr-Coulomb 的摩擦角 φ 并不等同于 Drucker-Prager 的 β 角，所以两者不能简单地互等。但两种模型的参数之间是可以互换的。

a　平面应变问题

对于平面应变问题，可以假定 $k=1$。Drucker-Prager 模型与 Mohr-Coulomb 模型的参数之间有如下关系：

$$\sin\varphi = \frac{\tan\beta\sqrt{3(9 - \tan^2\psi)}}{9 - \tan\beta\tan\psi}$$

$$\cos\varphi = \frac{\sqrt{3(9 - \tan^2\psi)}}{9 - \tan\beta\tan\psi} \qquad (4.42)$$

对于相关联的流动法则即 $\psi = \beta$，则有：

$$\tan\beta = \frac{\sqrt{3}\sin\varphi}{\sqrt{1 + \frac{1}{3}\sin^2\varphi}}$$

$$\frac{d}{c} = \frac{\sqrt{3}\cos\varphi}{\sqrt{1 + \frac{1}{3}\sin^2\varphi}} \qquad (4.43)$$

对于非相关联流动法则，由 $\psi = 0$ 得：

$$\tan\beta = \sqrt{3}\sin\varphi$$

$$\frac{d}{c} = \sqrt{3}\cos\varphi \qquad (4.44)$$

由表 4.1 可知，相关联流动和非相关联流动法则两者的差异是随着摩擦角的增大而减小的，对于典型的摩擦角，两者的差异并不大。

表 4.1　**Mohr-Coulomb 与 Drucker-Prager 参数相互转化**

Mohr-Coulomb 摩擦角	相关流动		非相关流动	
	Drucker-Prager 摩擦角 β	d/c	Drucker-Prager 摩擦角 β	d/c
10°	16.7°	1.70	10°	0.70
20°	30.2°	1.60	10°	1.63
30°	39.8°	1.44	10°	1.50
40°	46.2°	1.24	10°	1.33
50°	50.5°	1.02	10°	1.11

b 三维问题

三维问题中 Mohr-Coulomb 模型与 Drucker-Prager 模型参数的转换关系如下：

$$\tan\beta = \frac{6\sin\varphi}{3 - \sin\varphi}$$

$$k = \frac{3 - \sin\varphi}{3 + \sin\varphi}$$

$$\sigma_c^0 = 2c\frac{\cos\varphi}{1 - \sin\varphi} \tag{4.45}$$

在线性 Drucker-Prager 模型中，为保持屈服面为凸面，需要 $0.778 \leqslant k \leqslant 1.0$。而式（4.45）中第二式又可写成：

$$\sin\varphi = 3\left(\frac{1 - k}{1 + k}\right) \tag{4.46}$$

式（4.46）意味着 Mohr-Coulomb 的摩擦角 $\varphi \leqslant 22°$，而工程中许多实际材料的摩擦角都是大于 22°的，此时可选择 $k = 0.778$，同时，用式（4.45）中第一式求出 β，再用第三式定义 σ_c^0 来进行处理，这样做仅在三轴压缩情况下是正确的，因此若是摩擦角 φ 比 22°大很多，建议使用 Mohr-Coulomb 模型。

4.5.2 动力平衡方程

对于尾矿坝系统的动力反应有限元方程可表示为：

$$M\ddot{a} + D\dot{a} + Ka = F \tag{4.47}$$

式中，M 为质量矩阵；D 为阻尼矩阵；K 为刚度矩阵；F 为载荷矢量；$\ddot{a}$ 为节点加速度矢量；$\dot{a}$ 为节点速度矢量；a 为节点位移矢量。

对于质量矩阵 M 有：

$$M = \int_U \rho\psi dU \tag{4.48}$$

式中，ρ 为密度；ψ 为质量分布因子的对角矩阵。

阻尼矩阵 D 可表示为：

$$D = \alpha M + \beta K \tag{4.49}$$

式中，α、β 为瑞利阻尼系数，是标量，它们与阻尼比有如下关系：

$$\eta = \frac{\alpha + \beta\omega^2}{2\omega} \tag{4.50}$$

式中，ω 为体系的固有振动频率。

对刚度矩阵 K 可有表达式：

$$K = t\int_A B^T CB dA \tag{4.51}$$

式中，t 为等厚度；B 为应变-位移矩阵；C 为本构矩阵（弹性矩阵）。

对于二维问题（3 节点三角形单元）B 有：

$$B = \begin{bmatrix} B_i & B_j & \bar{B}_m \end{bmatrix} = \begin{bmatrix} \dfrac{\partial N_i}{\partial x} & 0 & \dfrac{\partial N_j}{\partial x} & 0 & \dfrac{\partial N_m}{\partial x} & 0 \\[2mm] 0 & \dfrac{\partial N_i}{\partial y} & 0 & \dfrac{\partial N_j}{\partial y} & 0 & \dfrac{\partial N_m}{\partial y} \\[2mm] \dfrac{\partial N_i}{\partial y} & \dfrac{\partial N_i}{\partial x} & \dfrac{\partial N_j}{\partial y} & \dfrac{\partial N_i}{\partial x} & \dfrac{\partial N_m}{\partial x} & 0 \end{bmatrix} \quad (4.52)$$

式中，N 为插值函数（形函数），在前面已有详细介绍。

目前，运动方程可有几种解法，分别是振型叠加法、直接积分法以及傅里叶分析法，振型叠加法在理论上是最简明的，但不适用于非线性动力分析；由于地面运动的不规则性，因此傅里叶分析法也不可取，因此，目前的各种分析方法中，直接积分法是可取的。常用的几种数值积分方法有以下几种。

4.5.2.1 中心差分法

在中心差分法中，加速度和速度可以用位移表示为：

$$\ddot{a}_t = \frac{1}{\Delta t^2}(a_{t-\Delta t} - 2a_t + a_{t+\Delta t})$$

$$\dot{a} = \frac{1}{2\Delta t}(-a_{t-\Delta t} + a_{t+\Delta t}) \quad (4.53)$$

时间 $t+\Delta t$ 的位移解答 $a_{t+\Delta t}$，可由下面时间 t 的运动方程得到满足而建立，即

$$M\ddot{a}_t + C\dot{a}_t + Ka_t = F_t \quad (4.54)$$

将式（4.52）代入式（4.49），可得：

$$\left(\frac{1}{\Delta t^2}M + \frac{1}{2\Delta t}C\right)a_{t+\Delta t} = Q_t - \left(K - \frac{2}{\Delta t^2}M\right)a_t - \left(\frac{1}{\Delta t^2}M - \frac{1}{2\Delta t}C\right)a_{t-\Delta t} \quad (4.55)$$

如果已经求得 $a_{t-\Delta t}$ 和 a_t，则根据式（4.55）可进一步求得 $a_{t+\Delta t}$。所以式（4.55）是求解各个离散时间点解的递推公式。但此方法中有一个起步问题，即当 $t=0$ 时，为了求解 a_0，除了已知的初始条件外，还需要知道 $a_{-\Delta t}$，现用式（4.53）可以得到：

$$a_{-\Delta t} = a_0 - \Delta t\dot{a}_0 + \frac{\Delta t^2}{2}\ddot{a}_0 \quad (4.56)$$

式（4.56）中 $\dot{a}_0$ 可根据初始条件得到，$\ddot{a}_0$ 可以利用 $t=0$ 时的运动方程求得。中心差分法是条件稳定算法，时间步长 Δt 必须小于临界时间步长 Δt_{cr}，其稳定条件为：

$$\Delta t \leqslant \Delta t_{\mathrm{cr}} = \frac{T_{\min}}{\pi} = \frac{2}{\omega_{\max}} \tag{4.57}$$

由于结构响应中低频为主要成分，从计算进度考虑，允许采用较大的时间步长，因此，对于结构动力学问题，通常采用无条件稳定的隐式算法。

4.5.2.2　Newmark 法

Newmark 积分法实质上也是线性加速度的一种推广。它采用下列假设：

$$\dot{a}_{t+\Delta t} = \dot{a}_t + [(1-\delta)\ddot{a}_t + \delta\ddot{a}_{t+\Delta t}]\Delta t$$

$$a_{t+\Delta t} = a_t + \dot{a}_t\Delta t + [(1/2 - \alpha)\ddot{a}_t + \alpha\ddot{a}_{t+\Delta t}]\Delta t^2 \tag{4.58}$$

其中 α 和 δ 是按积分精度和稳定性要求确定的参数，当 $\alpha = 1/6$ 时，即为线性加速度法。Newmark 法是从平均加速度法这样一种无条件稳定积分方案而提出的，此时 $\delta = 1/2$，$\alpha = 1/4$。Δt 内的加速度为：

$$\ddot{a}_{t+\tau} = \frac{1}{2}(\ddot{a}_t + a_{t+\Delta t}) \tag{4.59}$$

与中心差分法不同，Newmark 法中时间 $t+\Delta t$ 的位移解答是通过时间 $t+\Delta t$ 的运行方程

$$M\ddot{a}_{t+\Delta t} + C\dot{a}_{t+\Delta t} + Ka_{t+\Delta t} = Q_{t+\Delta t} \tag{4.60}$$

求得的，为此首先从式（4.58）解得：

$$\ddot{a}_{t+\tau} = \frac{1}{\alpha\Delta t^2}(a_{t+\Delta t} - a_t) - \frac{1}{\alpha\Delta t}\dot{a}_t - \left(\frac{1}{2\alpha} - 1\right)\ddot{a}_t \tag{4.61}$$

将式（4.61）代入式（4.58）第一式，然后再一起代入式（4.56），即可得到由 u_t、$\dot{u}_t$、$\ddot{u}_t$ 计算 $u_{t+\Delta t}$ 的公式

$$\left(K + \frac{1}{\alpha\Delta t^2}M + \frac{\delta}{\alpha\Delta t}C\right)a_{t+\Delta t} = Q_{t+\Delta t} + M\left[\frac{1}{\alpha\Delta t^2}a_t + \frac{1}{\alpha\Delta t}\dot{a}_t + \left(\frac{1}{2\alpha} - 1\right)\ddot{a}_t\right] +$$

$$C\left[\frac{\delta}{\alpha\Delta t^2}a_t + \left(\frac{\delta}{\alpha} - 1\right)\dot{a}_t + \left(\frac{\delta}{2\alpha} - 1\right)\Delta t\ddot{a}_t\right] \tag{4.62}$$

另外，常用的数值积分法还包括 Houbolt 法和 Wilson-$(\sigma_\mathrm{d}/2\sigma_\mathrm{m}\text{-}N_\mathrm{f})$ 法，其中 Houbolt 法为无条件稳定的隐式积分法，Wilson-θ 实质是一种改进的线性加速度法，这里不做详细介绍。

4.5.3　坝体材料的液化分析

目前对液化大变形的研究方法主要有基于动力反应分析的数值模拟计算及室内试验与现场调查方法[14]。基于动力反应分析的数值模拟计算方法中首先要解决的研究问题就是液化大变形的诱发机理及其合理的物理描述方法（即动力本构模型）。刘汉龙和陈育民[15,16]根据综合扭剪试验和振动台拖球试验结果，得到了

砂土液化后的流动本构模型，基于 FLAC 3D 的二次开发平台，建立了液化砂土流动变形的简化分析方法；随后张建民和王刚[17~19]建立了一个可描述饱和砂土液化后大变形的弹塑性循环本构模型；庄海洋和陈国兴[20]对 Yang 和 Elganal 等人提出的砂土液化大变形泵剖模型的连续性进行了改进，并通过 ABAQUS 软件的子程序开发平台，最终在 ABAQUS 软件中实现。但这种方法的可靠性还有待进一步的试验验证。本书中并没有采用该方法，而是将根据材料摩尔-库仑原理得到的屈服面作为坝体屈服（失效）的主要依据[21]，计算尾矿坝的危险区域。

目前，土石坝地震反应分析中液化判别主要采用的是 Seed 提出的方法，即将材料的抗液化动强度与地震过程中坝体材料所经历的等效动剪应力之比定义为抗液化安全系数 F_1，若 $u_w < 1$，则认为液化发生。事实上，土的动强度通常定义为一定振次下使土体达到某一应变标准（5%）所需的动应力幅值，对于不液化的土体，F_1 也称为材料的动强度安全系数。

综上所述，要利用 ABAQUS 进行液化判别需要：

（1）得到各单元地震中的等效动剪应力，一般可取为最大动剪应力的 0.65 倍。

（2）根据材料的动强度与破坏周次的关系曲线（$\sigma_d/2\sigma_m - N_f$）及地震等效振动次数确定材料动强度。

参 考 文 献

[1] 林子杨. 流固耦合下的边坡稳定分析 [D]. 郑州：郑州大学，2012.

[2] 费康，张建伟. ABAQUS 在岩土工程中的应用 [M]. 北京：中国水利水电出版社，2010.

[3] 柴军瑞，仵彦卿. 均质土坝渗流场与应力场耦合分析的数学模型 [J]. 陕西水力发电，1997，13（3）：4~7.

[4] 王勖成. 有限元法的理论基础 [M]. 北京：清华大学出版社，2003.

[5] 钱家欢，殷宗泽. 土工原理与计算 [M]. 2 版. 北京：水利电力出版社，1994.

[6] 钱家欢，殷宗泽. 土工数值分析 [M]. 北京：中国铁道出版社，1991.

[7] 韩永春，高谦，钱洪涛. 毕肖普法和有线差分法应用于边坡稳定性分析 [J]. 山西建筑，2007，33（1）：99~101.

[8] 胡辉，姚磊华，董梅. 瑞典圆弧法和毕肖普法评价边坡稳定性的比较 [J]. 路基工程，2007（6）：110~112.

[9] 何斌，汪洋. 滑坡稳定性计算中剩余推力法和简布法 [J]. 安全环境工程，2004，11（4）：60~62.

[10] 孙洪铁. 有线单元法概述及其基本概念的分析 [J]. 山西建筑，2012，14（38）：37~39.

[11] 陈印东，刘叔灼. 基于强度折减法的边坡稳定性分析 [J]. 科学技术与工程，2010，

24 (10)：5938~5941.

[12] 吴家龙. 弹性力学 [M]. 北京：高等教育出版社，2001.

[13] 黄俊，苏向明. 土坝饱和-非饱和渗流数值分析方法研究 [J]. 岩土工程学报，1990，12 (5)：30~39.

[14] 刘晶波，刘祥庆，杜修力. 地下结构抗震理论分析与试验研究的发展展望 [J]. 地震工程与工程振动，2007，27 (6)：38~45.

[15] 陈育民，刘汉龙，周云东. 液化及液化后砂土的流动特性分析 [J]. 岩土工程学报，2006，28 (9)：1139~1143.

[16] 刘汉龙，周云东，高玉峰. 砂土地震液化后大变形特性试验研究 [J]. 岩土工程学报，2002，24 (2)：142~146.

[17] 张建民，王刚. 砂土液化后大变形的机理 [J]. 岩土工程学报，2006，28 (7)：835~840.

[18] 王刚，张建民. 砂土液化变形的数值模拟 [J]. 岩土工程学报，2007，29 (3)：403~409.

[19] 王刚，张建民. 砂土液化后大变形的弹塑性循环本构模型 [J]. 岩土工程学报，2007，29 (1)：51~59.

[20] 庄海洋，陈国兴. 砂土液化大变形本构模型及在 ABAQUS 软件上的实现 [J]. 世界地震工程，2011，27 (2)：45~50.

[21] 蔡美峰，何满潮，刘东燕. 岩石力学与工程 [M]. 北京：科学出版社，2002.

5 降雨作用下尾矿库渗流分析

5.1 流固耦合计算与分析

在 ABAQUS 软件中，土的力学特性是采用有效应力定义的本构模型来模拟的，其表达式为：

$$\overline{\sigma} = \sigma + [\chi u_{\mathrm{w}} + (1 - \chi) u_{\mathrm{a}}] I \tag{5.1}$$

式中，$\overline{\sigma}$ 为总应力；σ 为有效应力；χ 为土力学中有效应力参数，当土完全饱和时 $\chi = 1.0$，当土为干土时 $\chi = 0.0$，计算中通常取 $\chi = 1.0$[1]。

对鱼祖乍尾矿库进行降雨情况下的流固耦合分析。计算时按照降雨时间的不同、通过干滩面长度（见表 5.1）的变化来显示降雨对坝体稳定性的影响。

表 5.1　降雨时间与干滩面的关系

降雨时间/h	24	48	72
干滩面长度/m	720	300	100

5.1.1 初始状态

在分析降雨入渗之前，需要知道初始应力分布、初始饱和度分布等一系列的初始条件。为此，首先进行静水位作用分析，计算结果作为后续分析的初始状态。计算采用类型为 soils 的稳态分析步，网格采用 C3D10MP 单元类型，网格数量为 148354 个，具体如图 5.1 所示。

图 5.1　计算模型网格划分

分析初始状态下的结果，绘出最终的孔压等值线图，如图5.2所示。从图中可以看出，水压力随坝体的高度呈线性分布，底部（初期坝位置）为976kPa，顶部为-49kPa，与所给已知条件相符。

图5.2　降雨之前的孔压分布

图5.3所示为初始计算结束后的饱和度分布，从图中可以看出，水位以下的坝体饱和度为1，而在尾矿库地表最高处饱和度最小值降为0.078，与所给计算条件符合。

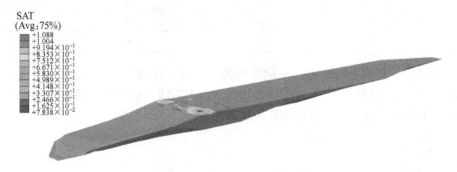

图5.3　降雨之前饱和度分布

图5.4所示为坝体降雨之前的竖向有效应力分布云图，可以看出坝体顶部的

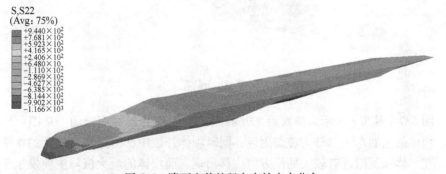

图5.4　降雨之前的竖向有效应力分布

竖向有效应力值并不为零，这是因为ABAQUS软件中的有效应力为 $\sigma = \sigma - \chi u_w = \sigma - S_r u_w$，考虑了吸力的影响。另外，竖向有效应力从初期坝沿坝坡方向向里呈逐渐递增的特点，这与一般的水平地基的应力分布情况完全不同，这也是在进行流固耦合之前进行初始状态分析的原因。

5.1.2　降雨入渗分析

在进行降雨分析之前，先将前面计算获得的初始状态下的有效应力在ABAQUS软件中读出并存于文档文件，经文本编辑软件处理后供后面的初始应力分布分析使用。计算中，降雨入渗边界条件强度（Surface pore fluid），干滩面为20mm/h，尾矿坝外坡降雨强度为（20cos5°）mm/h。表5.2为降雨强度随时间变化关系。

表 5.2　时间与降雨强度幅值关系

时间/h	降雨强度幅值/mm·h^{-1}
0	0
24	1
48	1
72	0

计算后，获取 $t=48\mathrm{h}$ 和 72h 的孔压等值云图，分别如图 5.5 和图 5.6 所示。由图可见，考虑降雨后的孔压分布与初始状态下有明显的区别，随着降雨时间的延长，饱和度逐渐增大，孔隙水压力也有所增大。

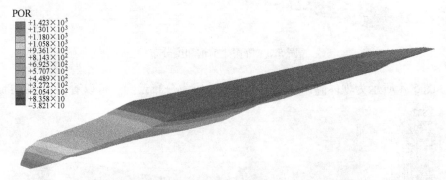

POR
+1.423×10³
+1.301×10³
+1.180×10³
+1.058×10³
+9.361×10²
+8.143×10²
+6.925×10²
+5.707×10²
+4.489×10²
+3.272×10²
+2.054×10²
+8.358×10
−3.821×10

图 5.5　降雨 48h 后的孔压分布

图 5.7~图 5.9 所示为降雨后 72h 的尾矿坝位移分布等值云图。从图可以看出，坝体最大的水平位移为坡脚附近，同时坝体外坡中部附近也有较大的水平位移；在坝体顶面附近有较大的反方向位移出现；而坝体的最大沉降主要发生于顶部位置，且位移的值都很小。

图 5.6　降雨 72h 后的孔压分布

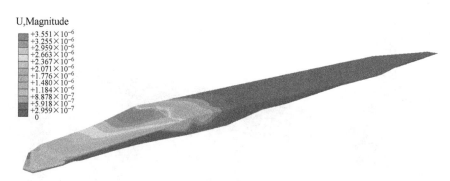

图 5.7　$t=72$h 坝体位移分布

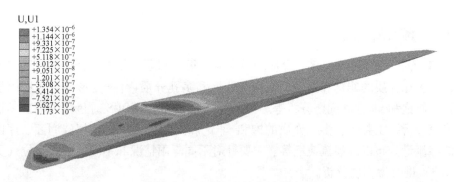

图 5.8　$t=72$h 坝体水平位移

图 5.10 所示为坝体等效塑性应变云图，从该图可以看出，坝体在经过 72h 降雨后，初期坝产生了明显的等效塑性应变，但是最大数量级只有 10^{-16}，数值很小，所以并不会对坝体的实际稳定性造成影响。但为了确保尾矿坝加高后仍保持稳定的状态，需要在坝体的外坡底部位置增加一层碎石填土（见图 3.40），后面会通过计算做进一步说明。

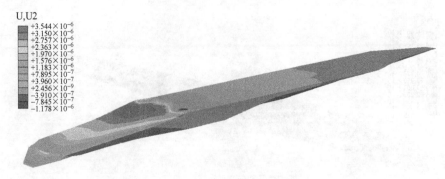

图 5.9　$t=72h$ 尾矿坝竖直位移分布

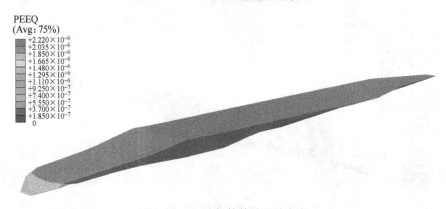

图 5.10　$t=72$ 坝体等效塑性应变

5.2　渗流计算与分析

ABAQUS 软件能求解多孔介质中单向流的很多问题，如多孔介质的饱和渗流问题、多孔介质的非饱和问题、饱和与非饱和多孔介质渗流-变形耦合问题以及多孔介质饱和-非饱和问题分析等。采用有限元软件 ABAQUS 对鱼祖乍尾矿坝进行渗流分析，主要解决多孔介质的饱和-非饱和问题，求取尾矿坝浸润面、库内水的渗流量分布以及渗流速度等。主要针对不同降雨情况和不同尾矿库水位（见表 5.3）进行渗流场分析。

表 5.3　库内水位与干滩面关系

降雨情况	正常	较强降雨	持续强降雨
干滩面长度/m	550	300	100

5.2.1　尾矿坝现状情况

计算采用 soils 类型分析步下的稳态分析类型，对整个模型施加重力作用并约束模型所有 3 个方向上的位移，另外，在库体模型的上游边界施加随高程线性变化的孔压 u_w 使其满足已知水头条件，坝体单元类型为 C3D10MP。

图 5.11~图 5.13 所示为坝体在干滩面为 550m（正常状态）下的孔压和浸润面分布，从图中可以看出，坝体的最大孔压为 723kPa，分布于坝体的底部位置，坝体顶部为−377kPa；为了方便，这里取坝体断面 2-2（见图 5.13）来观察坝体浸润面分布情况，从图中可以看出，在正常水位下库体的浸润面位置还是比较低的，有利于坝体的稳定。

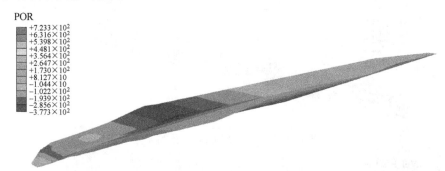

图 5.11　干滩面为 550m 时坝体孔压分布

图 5.12　干滩面为 550m 坝体浸润面分布

图 5.13　干滩面为 550m 断面 2-2 浸润线分布

　　图 5.14 所示为坝体的饱和度分布，从图中可以看出，在浸润面以下，坝体的饱和度近似为 1，最小孔压为 0.093，与计算前的已知最小孔压 0.1 十分接近。另外，由于坝体材料较为复杂，局部地方饱和度出现偏差，但整体情况还是符合饱和度的分布规律。图 5.15 所示为库体中水流速度矢量图，最大值为 8.6×10^{-6} m/s，与模材料的渗透率 k 较为符合的。

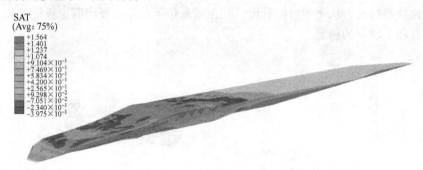

图 5.14　干滩面为 550m 坝体饱和度分布

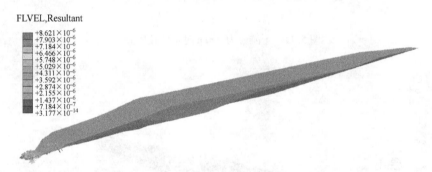

图 5.15　干滩面为 550m 坝体渗流速度分布

　　图 5.16~图 5.18 所示为坝体在干滩面为 300m 时的孔压和浸润线分布，从图中可以看出，坝体的整体孔压较干滩面为 550m 时要高一些，最大值为 754kPa；

图 5.16　干滩面为 300m 的坝体孔压分布

另外，断面2-2的浸润线位置（见图5.18）也有明显的提高，特别是在坝外坡中部有中断，浸润线的位置十分接近坝体外坡，此时，必须保证坝体的一切排水系统正常工作，否则会造成坝体浸润线过高甚至从坝面浸润线溢出，很容易导致局部坝面出现管涌、坍塌以及坝体底部因浸润线溢出坝坡面而出现的大面软化现象，对坝体的稳定非常不利。

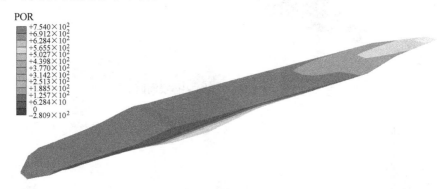

图5.17　干滩面为300m的坝体浸润面

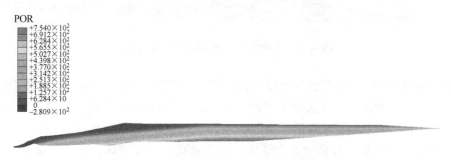

图5.18　干滩面为300m断面2-2浸润线分布

图5.19~图5.21所示为干滩面100m时的坝体孔压即浸润面的分布云图，从图中可以很清楚地看到，坝体最大孔压已达到了850kPa；从图5.20可以看出，

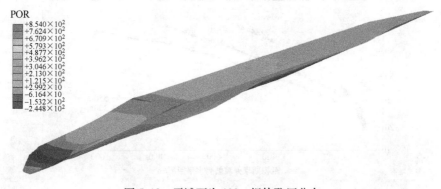

图5.19　干滩面为100m坝体孔压分布

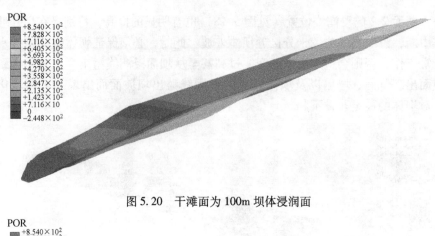

图 5.20　干滩面为 100m 坝体浸润面

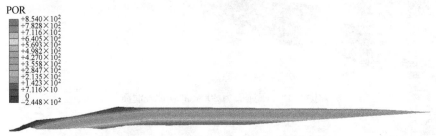

图 5.21　干滩面为 100m 断面 2-2 浸润线

浸润线在坝体中上部位置已从坝坡表面溢出，而在初期坝顶偏上位置，浸润线位置又重新回到坝坡内，这主要是因为坝体上部部分材料为尾矿泥，其渗透率数量级均为 10^{-6}，而初期坝处渗透率数量级为 10^{-3}，比较符合实际情况。而一旦出现这种情况，则坝体十分危险。由于库内水位较高，一旦破坏，形成泥流往下冲刷，后果将十分严重。根据计算结果画出目前高度下坝体在不同干滩面情况下的浸润线比较图（见图 5.22），可以直观地看出，当干滩面为 100m 时，坝体浸润线出现间断，即出现了浸润线溢出坝面的现象。

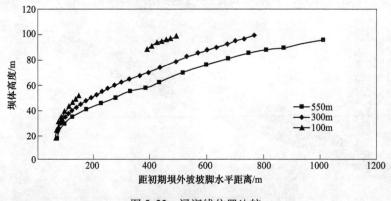

图 5.22　浸润线位置比较

5.2.2 设计最终堆积坝高

本书设计的最终坝高是在目前坝高的基础上增加12m，同时在初期坝外坡加了一层碎石填土层，以增加坝体的稳定性，如图5.23所示。

碎石填土

图 5.23 断面 2-2 材料分层

最终坝高下的计算模型如图 5.24 所示。根据前面的计算结果和现状实际情况，最终坝高下主要计算坝体在不同库内水位下的孔压和浸润面的分布。分别以干滩面长度550m、300m 以及 100m 三种情况考虑。

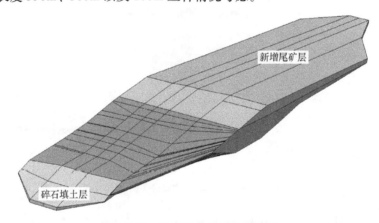

新增尾矿层

碎石填土层

图 5.24 最终设计高度计算模型

图 5.25～图 5.27 所示为坝体在干滩面为 550m 的孔压等分布情况，坝体最大

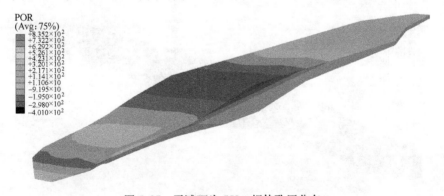

POR
(Avg:75%)
+8.352×10²
+7.322×10²
+6.292×10²
+5.261×10²
+4.231×10²
+3.201×10²
+2.171×10²
+1.141×10²
+1.106×10
−9.195×10
−1.950×10²
−2.980×10²
−4.010×10²

图 5.25 干滩面为 550m 坝体孔压分布

孔压为 835kPa，主要分布于坝体后半段底部位置；最小孔压为−400kPa，分布与坝体顶部位置。另外，根据断面 2-2 的浸润线分布来看，坝体的浸润线在坝坡中下部偏高，但没有溢出坝坡。

图 5.26　干滩面为 550m 坝体浸润面分布

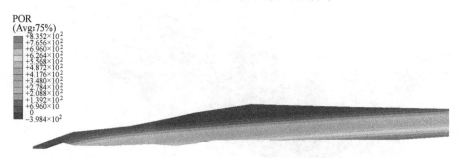

图 5.27　干滩面为 550m 断面 2-2 浸润线分布

图 5.28 和图 5.29 所示为 300m 干滩面的孔压即浸润面分布情况，从图中可以很清楚地看到，在坝外坡中下部位置浸润面有溢出现象，说明干滩面长度的缩短对坝体的稳定性影响很大，应该加强库内水位的控制，尽量降低库内水位。

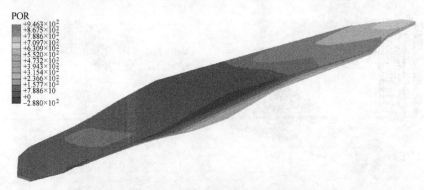

图 5.28　干滩面为 300m 坝体浸润面分布

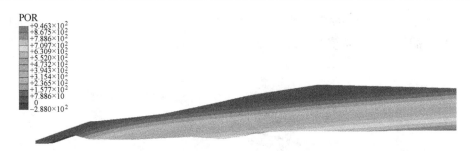

图 5.29 干滩面为 300m 断面 2-2 浸润线分布

图 5.30 和图 5.31 所示为 100m 干滩面的浸润线分布情况，从图中可以看出，浸润面从坝坡中上部位置溢出，并在坡面出现水流，直至坡面下部靠近初期坝位置浸润面重新降到坝体内。一旦出现这种情况，尾矿坝十分危险，随时都有可能发生溃坝破坏。

图 5.30 干滩面为 100m 坝体浸润面分布

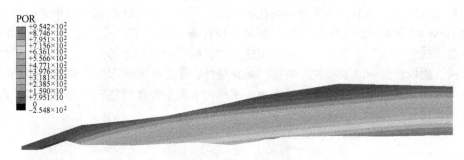

图 5.31 干滩面为 100m 断面 2-2 浸润线分布

图 5.32 所示为最终设计高度下的坝体在不同干滩面下的浸润线分布对比图。从图中可以看出，坝体在干滩面为 300m 和 100m 情况下均出现浸润线从坝坡溢出的现象。对于这两种干滩面而言，在距离初期坝较近位置浸润线分布几乎一

致，这主要原因是因为初期坝的渗透系数较大的所致。另外，干滩面为 300m 所对应的浸润线间断距离较 100m 干滩面时小，与实际情况相符。

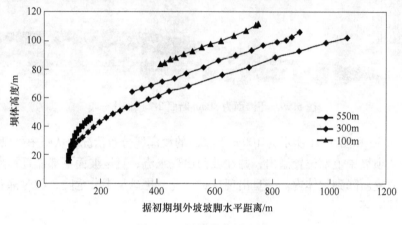

图 5.32　浸润线位置比较

5.3　本章小结

本章主要对尾矿坝渗流进行了模拟计算与分析。先是针对现在坝高，考虑降雨入渗情况，获得坝体在不同雨型后的孔压、饱和度以及应力应变等分布结果。随着降雨强度和降雨时间的增加、库内水位的上涨，则坝体浸润线会抬升，甚至从坝坡面溢出；另外，坝体的位移变形也会受降雨渗透的影响。当降雨达到 72h 时，坝体最大水平位移出现在坡脚附近，坝体中部也出现较大的水平位移；而坝顶附近有较大反方向位移（即向上游移动）。坝体的最大沉降主要发生在坝顶，位移值很小。通过对现在坝高和设计最终坝高下干滩面分别为 550m、300m 和 100m 三种情况坝体渗流进行分析，结果显示，库内水位越高（干滩面越小），坝体的浸润线埋深越小，坝体整体的孔压越高；另外，在现状坝高下，干滩面长度为 100m 时浸润线会从坝坡溢出；而对于设计最终坝高下，干滩面长度为 300m 时浸润线会从坝坡溢出。一旦发生坝体渗水，则可能出现渗透破坏，造成尾矿坝溃决。所以，雨季除了加强库内排水的管理外，还需在尾矿库周围修建拦截山洪的截洪沟，以阻止山洪流入尾矿库内，使库内水位始终保持在安全水位状态，确保尾矿库安全度汛。

参 考 文 献

[1] 黄俊，苏向明．土坝饱和–非饱和渗流数值分析方法研究 [J]．岩土工程学报，1990，（215）：30~39.

6 地震作用下尾矿坝的动力响应及其稳定性分析

有限元法已被广泛地应用于岩土工程的分析中。我国土石坝规范规定，高土石坝应采用静力非线性有限元数值方法分析其应力变形；对于地震区的高土石坝还应采用有限元方法进行动力分析。

ABAQUS 是目前国际上功能最强的有限元软件之一，具有灵活和功能强大的二次开发平台，能够模拟非常复杂的工况和处理高非线性问题，其计算的可靠性也得到了广泛的认可。但其在土石坝工程中的应用还存在一些问题，比如计算土石坝的蓄水后的湿化变形和坝体材料的液化变形等。不过由于其具有很强大的二次开发平台，因此也可间接求解这些特定问题。

6.1 尾矿坝堆积过程中的力学分析

6.1.1 尾矿坝分层模拟及新填土层位移修正

尾矿坝的堆积过程是一个逐级分层加载的过程。在 ABAQUS 软件中可以通过改变模型（Model Change）来实现。具体做法就是：在加载开始前，将整个模型划分网格，并在 inp 文件或 keywords 中通过 *model change，remove 语句来将所有分层施工的单元移除，此时 ABAQUS 在计算中将不会考虑这些单元的存在。随后根据实际情况，在 inp 文件或 keywords 中根据实际情况对各分层施工载荷步通过 *model change，add 语句逐一激活相应的填土层单元，同时施加载荷和边界条件。ABAQUS 软件提供了单元激活的两种模式，即 with strain 激活和 strain free 激活，对于模拟土石坝、尾矿坝等的施工可采用 strain free 选项[1]。

在模拟坝体逐级施工加载过程时，新的填土层单元的初始应力为零，这会造成刚度矩阵错误，因此，在计算时可近似取一个很小的、相当于初始围压 $\sigma_3 = 50kPa$ 来形成刚度矩阵，这在 ABAQUS 软件中很容易实现，令所有的新填土层单元相应的状态变量为 50kPa 即可。

对于新填土层的位移修正问题，由于激活的填土单元的载荷是一次性施加的，其顶面位移并不为零，因此在整个坝体施工完成后的累计位移呈现出阶梯状，台阶的大小与计算分层的大小相关，而这与实际情况并不相符，因此需要将一次加载计算出的位移修正到分级填土层数无穷多的位移。由于这种位移修正并不涉及应力的计算，所以在 ABAQUS 软件中只能通过后处理来实现，即在计算完成后，通过

ABAQUS 软件的结果文件（fil 文件或 odb 文件）提取出各层土在分级载荷作用下的增量位移，对激活分析步的位移进行修正，最后累加求得变形分布。

6.1.2　浸水湿化变形的处理

尾矿坝坝料浸水后颗粒间受水的润滑在自重下将调整到新的位置，使得产生额外的变形，该变形称为湿化变形。湿化变形是土石坝工程中的重要问题之一。

若采用 ABAQUS 软件中自带的材料模型，考虑浸水湿化变形比较简单，其实质上就是材料参数的变化所引起的状态改变；而采用用户自定义模型则显得复杂些，用户需要给出材料参数变化引起的应力改变量。目前湿化变形的计算常采用双线法[1]，即分别进行风干土样和饱和土样的三轴剪切试验，将相同应力状态下的湿态与干态变形的差值作为该应力状态下的湿化变形。其在 ABAQUS 软件中的实现过程在这里就不再详述，具体过程可参考《ABAQUS 在岩土工程中的应用》等资料。

6.2　尾矿坝的动力分析

在尾矿坝的动力分析中，关键的问题是坝体的加速度、动位移和动应力等地震响应，以及材料是否液化等，针对这些问题都可以采用数值模拟直接或间接来求解。

6.2.1　地震资料

根据《建筑抗震设计规范》（GB 500011—2001）和《中国地震动参数区划图》（GB 18306—2001），鱼祖乍尾矿库抗震设防烈度为 7 度，设计分组为第二组，地震加速度值为 $0.10g$。

在模拟计算中，采用的地震加速度时程曲线如图 6.1 所示，历时 10s。由于

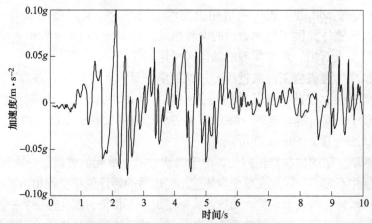

图 6.1　地震加速度时程曲线

重点研究尾矿坝的稳定性问题，因此施加的地震作用为水平方向，地震曲线有基底输入。

6.2.2 现状坝高

6.2.2.1 初始地应力分析

通过静力计算可以获得地震作用前的尾矿坝的初始应力状态。这里采用 Geostatic 分析步，对坝体进行初始地应力分析。

图 6.2～图 6.5 所示为初始应力场云图，从图中可知，坝体最大初始应力值为 570kPa，分布于坝体底部；坝体垂直应力主要为压应力，最大值达 1524kPa，而坝体表面局部呈现拉应力，其值为 105kPa。

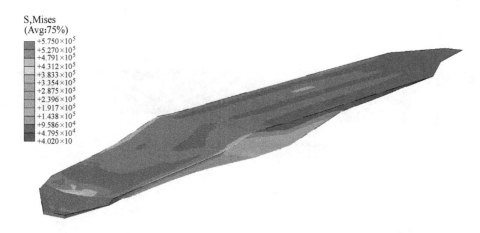

图 6.2 坝体初始地应力分布

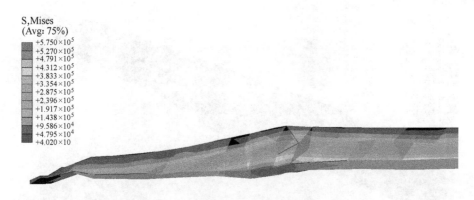

图 6.3 断面 2-2 初始地应力分布

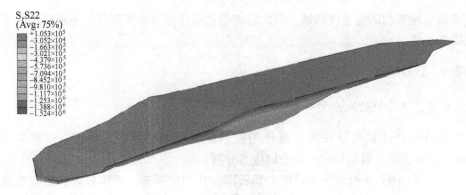

图 6.4 坝体初始垂直应力分量

图 6.5 断面 2-2 垂直应力分布

6.2.2.2 坝体动力响应计算与分析

A 模态分析

为了更好地获得坝体在地震作用的稳定性，先要对坝体进行模态分析，计算结果如图 6.6 所示。

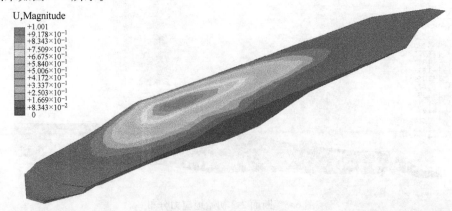

图 6.6 坝体 1 阶模态

图 6.6 所示为尾矿坝的第一阶振型，主要以坝体轴线（断面 2-2 位置）的坝顶部位置附近参与为主。从图中可以看出第一振型对应频率为 $f=0.664\mathrm{Hz}$，对应圆频率为 $w=2\pi f=4.16992\mathrm{rad/s}$，坝体基本自振周期为 $T=1/f=1.51$。

B 动力分析

如果模型是自定义材料且涉及圆频率，需将材料参数中的圆频率修改为 4.16992，本书计算并没有采用自定义材料，所以就不需改动任何材料参数。在边界条件选项中将图 6.1 中的地震曲线数字化后，导入 ABAQUS 软件中，更改相应的边界条件，随后进行地震模拟计算。

图 6.7~图 6.9 所示为地震作用下现在坝高的位移计算结果。从计算结果可以看出，坝体在地震作用后最大位移为 0.647m，最小位移大小为 0.08m，坝顶位移量为 0.38m。坝坡面其他地方的位移量相对较小。坝体垂直位移分布规律如图 6.8 所示，坝体最大沉降值为 0.465m，从图中几乎看不到该区域，坝顶的沉降值为 0.3m，而坝坡面其他位置位移有上升现象，值为 0.02m。由图 6.9 可以清楚地看到坝体在断面 2-2（见图 3.3）上的分布情况，坝体的最大沉降发生在坝顶部附近，且以此向坝内逐渐减小。

图 6.7 坝体位移矢量分布

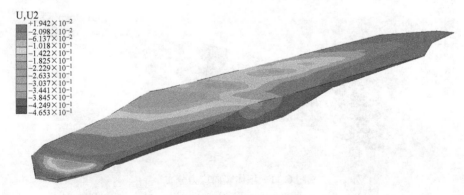

图 6.8 坝体竖向位移分布

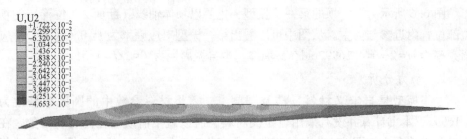

图 6.9　断面 2-2 竖向位移分布

　　图 6.10~图 6.14 所示为坝体在地震作用下的应力分布情况。坝体最大竖向应力为 1565kPa，主要分布在坝体厚度最大部分底部及库底与地面接触区域；坝体最小竖向应力为 225kPa。坝体最大剪应力值为 158kPa，主要分布在初期坝顶部与堆积坝坡接触位置，这是因为初期坝的材料与尾矿材料的差异导致该区域出现大剪应力。

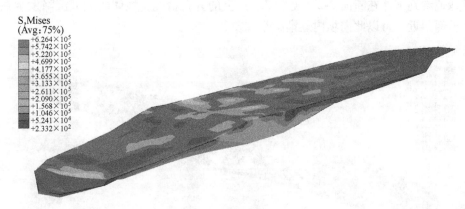

图 6.10　坝体应力分布

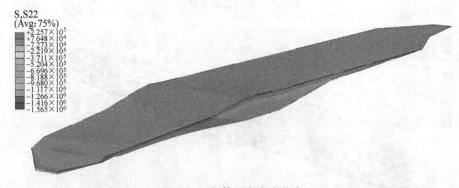

图 6.11　坝体竖向应力分布

图 6.12 断面 2-2 竖向位移分布

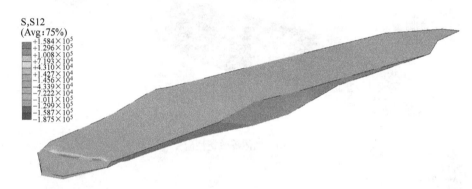

图 6.13 坝体剪应力分布

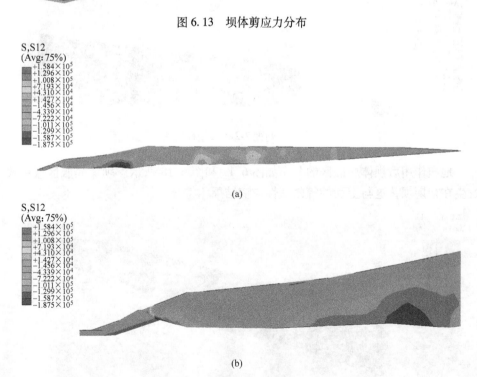

(a)

(b)

图 6.14 断面 2-2 剪应力分布

图 6.15 和图 6.16 所示为坝体等效塑性应变结果。从计算结果可知，坝体等效塑性应变主要发生在初期坝。塑性变形起于初期坝内，并向坡外逐步减弱。由于初期坝材料和尾矿土材料性质差异很大，且构筑方式等也不同，才出现了坝体的等效塑性应变。

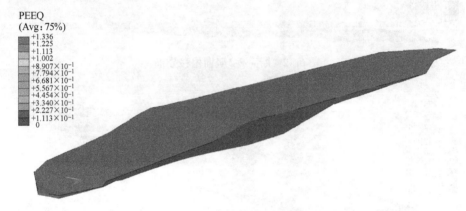

图 6.15　坝体等效塑性应变

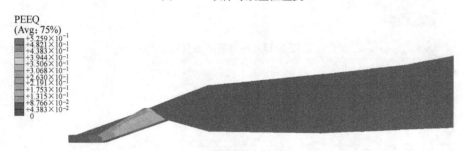

图 6.16　断面 2-2 等效塑性应变

地震作用后坝体屈服区的分布如图 6.17 和图 6.18 所示。坝体屈服区域主要发生在初期坝，这与上面的等效塑性应变结果相符合。

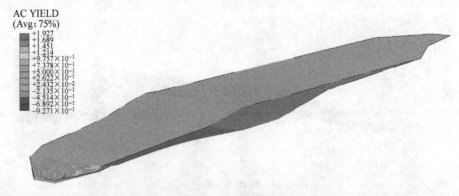

图 6.17　坝体屈服区域

图 6.18 断面 2-2 屈服区域

图 6.19 和图 6.20 所示为坝体两参考点的地震加速度时程响应曲线。对比两图

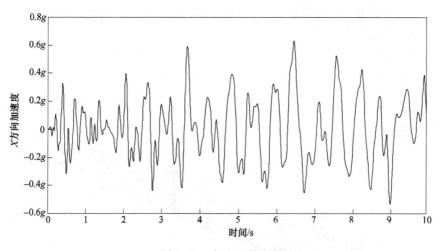

图 6.19 点 A 地震响应

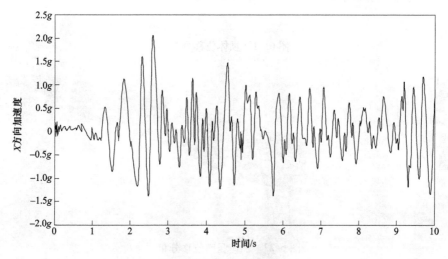

图 6.20 B 点地震响应

可以清楚看到，A 点的加速度反应最大值为 $0.6g$，B 点的加速度反应最大值为 $0.3g$，即地震反应最大值随着坝体高度的增加而增大，即坝体高度越高，受震影响越大，最大的加速度出现在坝顶；另外，坝体越高，对应的地震响应曲线越稀疏。

6.2.3　设计最终坝高

最终坝高的初始应力状态及分布规律与前面的相似，只是在高度增加 12m 后，相应的应力值有一定的变化。在这里不做分析。这里直接介绍地震作用后坝体的响应。

图 6.21~图 6.24 所示为设计最终坝高在地震作用下的坝体位移计算结果。从结果中可以看出，坝体最大沉降 0.13m，其值小于现状坝体的位移沉降。但坝体的水平位移比竖直位移大，最大值达 0.76m，最小位移也有 0.32m。分析其原因，就是在计算时考虑了尾矿的分层固结，导致了沉降位移偏小，没有考虑土的固结对水平方向的影响。最终坝高在地震作用下整个坝体的震动比现状情况要强烈。

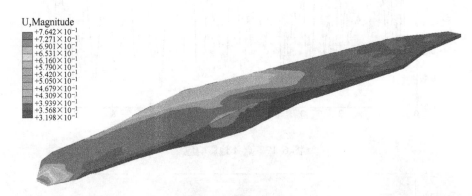

图 6.21　坝体位移分布

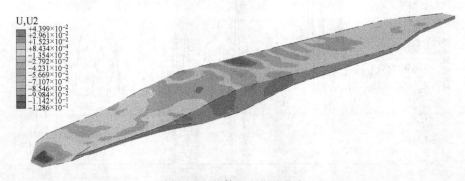

图 6.22　坝体竖向位移分布

图 6.23 断面 2-2 竖向位移分布

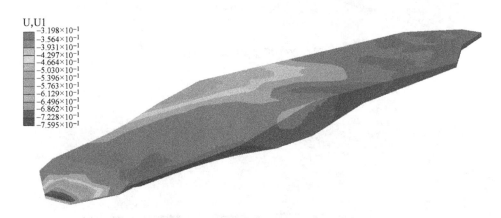

图 6.24 坝体水平位移分布

图 6.25~图 6.27 所示为计算获得的地应力分布规律。从图中可以看出，坝体的最大应力依然是在底部，应力最大值为 699kPa，最小应力几乎为零，主要存在于坝坡。坝体竖向应力分布随着高度的增加而减小，最大竖向应力为1586kPa，位于坝体底部；但在坝坡出现拉应力，其值为 44kPa。

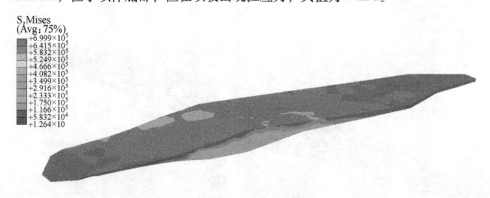

图 6.25 坝体应力分布

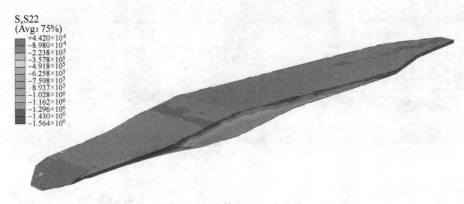

图 6.26　坝体竖向应力分布

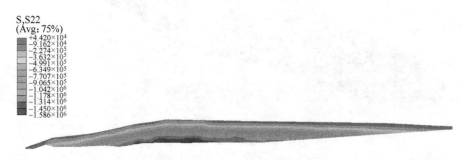

图 6.27　断面 2-2 竖向位移分布

　　图 6.28 所示为坝体的等效塑性应变结果，只在初期坝外坡底部附近的碎石填土出现了一点塑性应变，其余部位的塑性应变值很小，最小值为 $2.2×10^{-16}$。

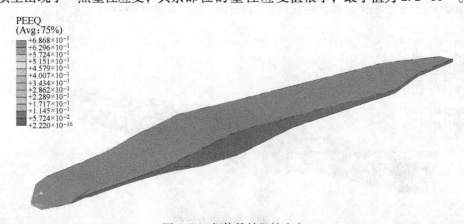

图 6.28　坝体等效塑性应变

图 6.29 和图 6.30 所示为地震作用下坝体的屈服区分布结果，坝体主要的屈服区分布在初期坝外坡以及坝顶附近，其余范围很少。

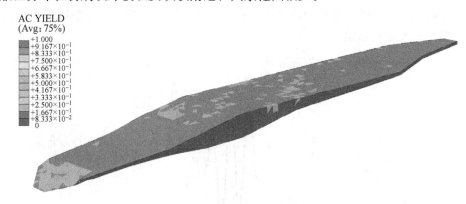

图 6.29 坝体屈服区域分布

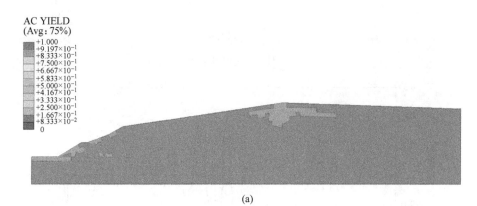

(a)

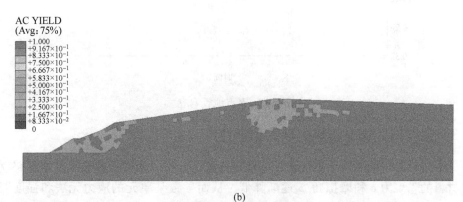

(b)

图 6.30 断面 2-2 坝体屈服区域
(a) $t=3.5s$；(b) $t=10s$

　　图 6.31 和图 6.32 所示为设计的最终坝高下两参考点的地震响应曲线，与之前的计算结果一致，即地震反应最大值随着高度的增加而增大，即坝体越高，受震强度越大，最大的加速度出现在坝顶处；另外，坝体越高，对应的地震响应曲线越稀疏；反之则密集。

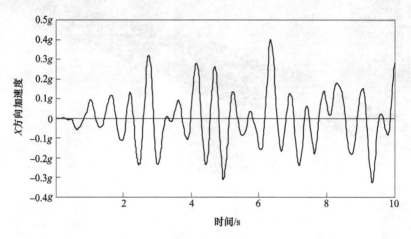

图 6.31　A 点地震响应

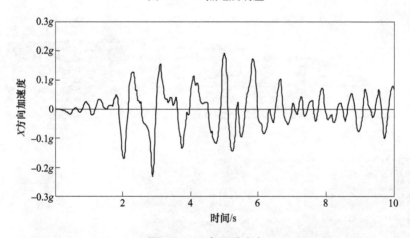

图 6.32　B 点地震响应

6.3　强度折减法分析尾矿坝的稳定性

　　本书只对现状坝高下的尾矿坝的稳定性进行分析。强度折减法的基本思路就是材料的黏聚力 c 和摩擦角 φ 逐渐降低，从而导致某单元的应力无法和强度匹配，即超出了屈服面，不能承受的应力逐渐转移至周围单元中，以此类推，当出现连续滑动面（屈服点连成贯通面）之后，土体将失稳。本书就是根据这一思路来求取坝体的稳定系数。

图 6.33~图 6.35 所示为坝体断面 2-2 采用强度折减法的计算结果。从图中可以看出，一开始坝体坡脚附近区域出现屈服，到 $t=0.35s$ 时屈服区域开始向上延伸，直到 $t=0.5203s$ 时出现塑性区的贯通现象，此时计算终止。

图 6.33　$t=0.35s$ 坝体塑性区

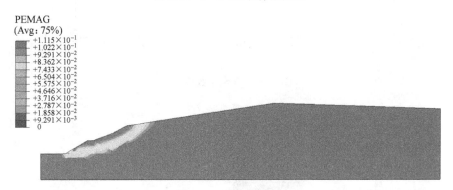

图 6.34　$t=0.5203s$ 坝体塑性区

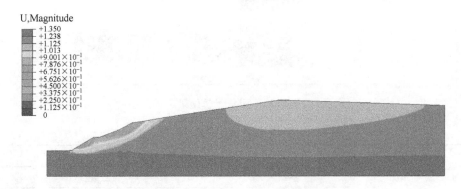

图 6.35　$t=0.5203s$ 坝体位移分布

图 6.36 所示为安全系数与位移曲线，由图可以明显看出，在曲线出现了一个明显的拐点，说明位移在此时发生很大的变化，ABAQUS 中将拐点所对应的横坐标

值认为是坝体的安全系数 F_s，即坝体安全系数为 1.252。根据《选矿厂尾矿设施设计规范》（ZB J—1990）和《尾矿堆积坝岩土工程技术规范》（GB 50547—2010）的规定，鱼祖乍尾矿坝级别为二级，与规范值（见表 6.1）相比较，可以看出，在正常运行情况下，基本满足规范要求。而采用极限平衡法，通过 Slide 软件计算所得安全系数值为 1.257，如图 6.37 所示，略大于强度折减法所得安全系数值。另外，由滑移面位置可以看出，两种计算方法获得的滑移面很相近。

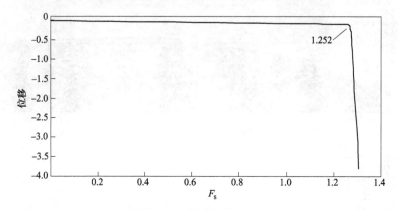

图 6.36　安全系数曲线

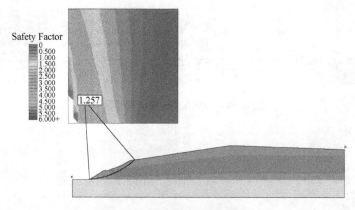

图 6.37　Slide 计算结果

表 6.1　尾矿坝抗滑稳定安全系数规范值

序号	运行情况	安全系数			
		一级坝		二级坝	
		瑞典圆弧法	简化 Bishop 法	瑞典圆弧法	简化 Bishop 法
1	正常运行	1.30	1.50	1.25	1.35
2	洪水运行	1.20	1.30	1.15	1.25
3	特殊运行	1.10	1.20	1.05	1.15

由于坝体的稳定性富裕度不大，需要对坝体进行了加固处理，即采用碎石贴坡的方式对坝体外坡底部进行加固，如图 6.38 所示。

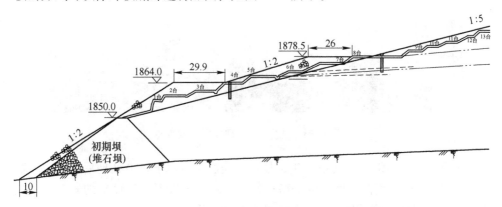

图 6.38 碎石加固坝体

图 6.39~图 6.41 所示为坝体在经过碎石贴坡后采用强度折减法计算所得的结果。从图中可以看出，当 $t=0.198s$ 时坝体地基以大部分为塑性区，不过数值较小，可见碎石贴坡对坝体有一定的加固作用；当 $t=0.2495s$ 时，出现塑性贯通。

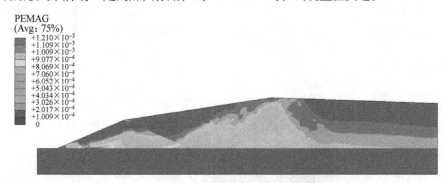

图 6.39 $t=0.198s$ 坝体塑性区

图 6.40 $t=0.2495s$ 坝体塑性区

图 6.41　$t=0.2495\mathrm{s}$ 坝体位移分布

从图 6.42 和图 6.43 可以看出，坝体在经过碎石填土贴坡处理后，安全系数达到 1.421，较加固前有明显的提高；另外，两种方法下所计算出的安全系数相差不大，且都大于规范值，说明坝体加固后是稳定的。

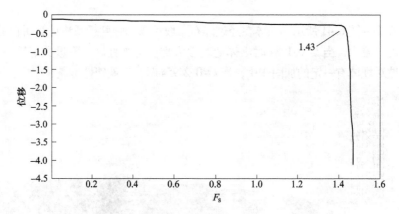

图 6.42　安全系数曲线

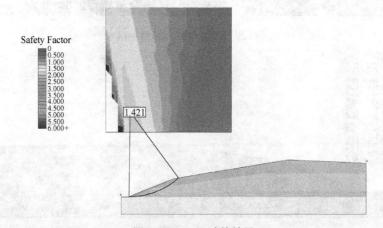

图 6.43　Slide 计算结果

6.4 本章小结

本章主要对现状和拟加高尾矿坝体的地震动力响应进行了分析。先对坝体进行初始地应力的计算，之后进行地震作用下的动力响应分析。计算结果显示，当前坝高下，坝体在地震作用后的最大位移矢量为 0.647m，最小位移为 0.08m，坝顶位移矢量为 0.38m。坝坡面的位移量相对较小。坝体最大沉降值为 0.465m，坝顶的沉降值为 0.3m，而坝坡面其他位置的位移呈上升现象，位移量为 0.02m。坝体最大垂直应力为 1565kPa，主要分布库区底部；坝体最小垂直应力为 225kPa。坝体最大剪应力值为 158kPa，主要分布在初期坝顶部与堆积坝坡接触带。坝体等效塑性应变主要出现在初期坝处。塑性变形始于初期坝内坡，并向外坡逐步减弱。地震作用后坝体屈服区主要出现在初期坝，这与等效塑性应变结果相符合。

设计的最终坝高下，坝体在地震作用下的位移计算结果显示，坝体最大沉降 0.13m，其值还小于当前状态下坝体的位移沉降量；另外，坝体的水平位移比垂直位移大，最大值达 0.76m，最小值为 0.32m。地应力最大值为 699kPa，最小应力几乎为零，主要存在于坝坡。坝体垂直应力分布随着高度的增加而减小，最大垂直应力为 1586kPa，位于坝体底部；但在坝坡出现拉应力，其值为 44kPa。坝体的等效塑性应变只在初期坝外坡底部附近的碎石填土出现了一点，其余部位的塑性应变值很小，最小值为 2.2×10^{-16}。坝体主要的屈服区分布在初期坝外坡以及坝顶附近，其余范围很少。

在当前坝高状态下，坝体两参考点的地震加速度时程响应结果显示，即地震加速度反应最大值随着坝高的增加而增大，即坝体越高，受震强度越大，最大的加速度出现在坝顶处；另外，坝体越高，对应的地震响应曲线越稀疏，反之则密集。设计最终尾矿高下的两参考点的地震响应曲线与上述规律一致。

通过强度折减法，求得当前坝高下的尾矿坝安全系数为 1.24，略小于规范值 1.25，不满足规范要求，必须采取坝体加固措施。在坝坡底部采用碎石贴坡的加固后，坝体的稳定性明显提高，稳定系数达到 1.421。

参 考 文 献

[1] 黄俊，苏向明．土坝饱和-非饱和渗流数值分析方法研究 [J]．岩土工程学报，1990，12（5）：30~39.

7　尾矿库（坝）溃坝防护措施

7.1　概述

尾矿库（坝）本身就是一个具有高势能的泥石流来源，由于其自身的特点，每座尾矿库（坝）都存在着溃坝的风险，只是概率多少的区别。而一旦发生了溃坝事故，势必要对库区下游的居民、建筑、农田以及周围的生态环境造成严重的损失，所以制定有效可行的溃坝防护措施是非常必要的。总体上讲，一座尾矿坝的防护工作主要包括以下几个方面：（1）按照设计规范设计尾矿库，平时做好尾矿库的安全管理工作；（2）建立完善的安全监测系统，加强对尾矿库的监测工作，进行灾前预测和预报工作；（3）在库区下游适当的位置修建拦挡设施，以减缓、削弱尾矿库溃决后的冲击作用；（4）制定好溃坝防灾预案，制定科学的尾矿库溃坝防灾预案，让村民熟练掌握灾后逃生路线，并定期进行演习，一旦发生灾情，保证每个村民都能及时疏散和转移，然后再将这四种措施综合起来共同做好溃坝防护工作，形成一套比较系统有效的防护措施。下文将分别对这四个措施进行分析阐述。

7.2　尾矿库（坝）安全管理工作

尾矿库能否正常运行直接关系到尾矿库的安全。而尾矿库正常运行与尾矿库的正确使用、精心管理密切相关。曾有人对此总结为"三分设计，七分管理"。这充分说明了尾矿库生产管理的重要性。尾矿库安全管理总的要求是，建立健全尾矿库生产管理机构，配备有资质的管理人员，制定具体可行、便于检查的规章制度，遵守国家有关法规，按照设计要求的运行参数，进行精心管理。

根据《尾矿库安全管理规定》应认真贯彻和落实下面的管理工作：

（1）尾矿库的建设、运行与管理，必须遵循国家的政策、法律法规，坚持"安全第一、预防为主、综合治理"的方针。

（2）尾矿库的勘察、设计、安全评估、施工及施工监理等工作必须由具有相应资质条件的单位和中介服务机构承担。

（3）建立尾矿库安全生产领导管理小组，制定和完善尾矿库各项安全管理制度、措施和操作规程，落实尾矿库安全管理责任制度，健全尾矿库安全管理档案。

（4）严格按照设计文件的要求和有关技术规范，做好尾矿库浓缩分级、放矿筑坝、回水排水、防汛度汛、抗震等安全检查和检测工作。

（5）未经技术论证和批准，任何单位和个人不得在库区从事采矿作业等危害尾矿库安全的活动。

（6）组织抓好对尾矿库安全管理人员和尾矿工的培训工作，教育尾矿工明确自己的岗位职责，熟练掌握和遵守尾矿库各项安全管理制度和安全操作规程。

（7）严格落实尾矿库的安全检查六项制度，即日常巡回检查、排洪构筑物检查、浸润线观测、排洪孔封堵、库区水位控制和实测填图，并将记录存档备案，及时按上级要求上报。

（8）汛期要对尾矿库制定专项安全度汛措施，加倍重视日常巡回检查细节，降低库区水位，保证排洪设施畅通，提前做好加大排洪能力准备以及储备充足的防汛物资，确保尾矿库安全度汛。

（9）加大尾矿库资金投入，确保资金投入，满足尾矿库安全运行治理的需要。

（10）落实和完善尾矿库事故应急救援预案和汛期应急预案，并进行演练总结等。

当然尾矿库（坝）的安全管理工作不止上面这几点，此处只是简单介绍一下。一般情况下，尾矿库（坝）的安全管理工作包括尾矿库安全管理机构及职能的建立，尾矿库后期坝筑坝的生产管理，尾矿库防洪管理及尾矿库的安全检查等工作，具体细致的内容可以参照《尾矿库安全管理规定》。

7.3 尾矿库安全监测

7.3.1 尾矿库（坝）监测的作用[1]

工程监测是实现工程信息化设计与施工的前提，也是工程质量控制管理中做到事前控制和事中控制必不可少的环节。尾矿坝监测工作的宗旨是为尾矿库的安全运营服务。合理使用、管理好尾矿库，使安全隐患得到及时处理，提高尾矿库的综合效益，必须进行尾矿库（坝）的监测工作。

通过尾矿库（坝）的监测工作可以起到以下作用：

（1）评价尾矿库（坝）施工及其使用过程中的稳定性，并做出有关预测预报，为施工单位提供预报数据，跟踪和控制施工过程，合理采用和调整有关施工工艺和步骤，取得最佳经济效益。

（2）为防止尾矿库（坝）破坏提供及时支持。预测和预报尾矿库（坝）变形，并及时采取措施，以尽量避免和减轻灾害损失。

（3）根据监测结果对原设计的计算假定、结论和参数进行验证。

（4）为进行有关位移反分析及数值模拟计算提供参数。

（5）为实现尾矿库工程信息化施工与管理提供基础资料。

7.3.2　尾矿库（坝）工程监测的主要内容[2]

尾矿库监测系统主要包括浸润线监测、库水位监测、干滩标高监测、坝体位移监测、视频监测等监测内容。现在随着电子技术及计算机技术的发展，各种远距离自动监控系统不断出现，图 7.1 所示为某个尾矿库安全监测系统结构图。

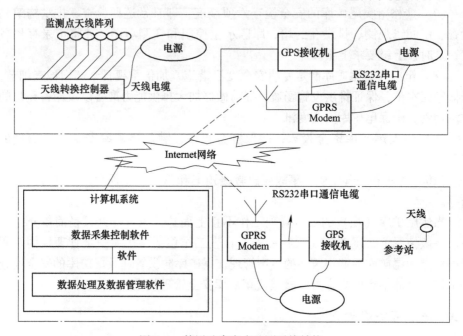

图 7.1　某尾矿库安全监测系统结构

（1）浸润线监测。一般选择尾矿库坝上最大断面或者一旦发生事故将对下游造成重大危害的断面作为监测剖面。大型尾矿库在一些薄坝段也应设有监测剖面。每个监测剖面应至少设置 5 个监测点，并应根据设计资料中坝体下游坡处的孔隙水压力变化梯度灵活选择监测点。尾矿坝坝坡浸润线监测仪器分两类：一类为埋设测压管，人工现场实测；另一类是埋设特制传感器，进行半自动或自动观测。

浸润线监测仪器埋设位置的选择，应根据《尾矿库安全技术规程》（AQ 2006—2005）中规定的计算工况所得到的坝体浸润线位置来埋设。在作坝体抗滑稳定分析时，设计规范规定浸润线须按正常运行和洪水运行两种工况分别给出。设计时所给出的浸润线位置应是监测仪器埋设深度的最重要的依据。

（2）库水位监测。一般在库内排水构筑物上设置自动监测仪，将所测信号传给室内接收机处理得到库水位，既准确，又适时。需要指出的是，库内排水构筑物一般位于尾矿库内，排水构筑物周边为尾矿澄清水，因此需要在监测系统布置前针对特定尾矿库的实际情况灵活选择施工方案。

（3）干滩标高监测。干滩标高的测量不同于其他点标高的测量，这是由尾矿坝自身的运行特点决定的。随着尾矿坝的不断填筑加高，滩顶标高和设计最高洪水位下允许达到的干滩标高是两个动态变化的指标，因此，不能在某一位置架设坚固的不能移动的标高监测设备。可采用移动 GPS，定期监测尾矿坝滩顶标高和设计最高洪水位下允许达到的干滩标高，该方法具有灵活简便、较高精度、利于位置变化等优点。

（4）坝体位移监测。正是由于过去对尾矿坝坝体位移监测认识不足，尾矿坝位移监测手段不多，坝体变形计算至今尚未纳入设计规范。对于较大的尾矿坝，设计仅在坝体表面设置位移观测桩，具体监测手段主要有人工用经纬仪监测和 GPS 自动监测两种。根据坝的长短至少选择 2~3 个监测剖面。一般在最大坝高处、地基地形地质变化较大处均应布置监测剖面。

每个剖面上根据坝的高矮，在坝坡表面从上到下均匀设置 4~6 个监测点。最下面一个点应设置在坝脚外 5~10m 范围内的地面上，以用于监测尾矿坝发生整体滑动的可能性。

（5）视频监测。在尾矿库安全监测系统中，为了实时掌握尾矿库库区的情况和运行状况，通常在溢水塔、滩顶放矿处、坝体下游坡等重要部位设置视频监测设置，以满足准确清晰把握尾矿库运行状况的需要。

7.3.3　尾矿库（坝）监测结果处理[3,4]

尾矿坝安全监测的成果体现为系列观测数据，对该系列数据进行分析能为坝体设计、施工、管理及科研提供第一手的资料和规律性的认识，对于安全、经济地建好管好尾矿坝具有十分重要的意义。

对监测数据的处理，可以一个降雨年份为单位，分析总结所获取的各种监测数据，对它们进行回归分析，建立数学模型，找出变化规律。

首先对监测网点的显著性和稳定性做检验。一般可采用比较检验法、t 检验法、F 检验法、模糊聚类分析法等进行显著性检验。其中，比较检验法的计算步骤如下：

先计算单位权重误差：

$$\mu = \sqrt{\frac{(V^{T}PV)_1 + (V^{T}PV)_2}{r_1 + r_2}}, \qquad \Delta < 2\mu\sqrt{2Q} \tag{7.1}$$

式中，μ 为 2 次观测的监测网综合单位权重误差；$(V^{T}PV)_1$、$(V^{T}PV)_2$ 分别为 2 次观测的监测网加权改正数平方和；r_1、r_2 分别为 2 次观测的监测网多余观测量；Δ 为 2 次观测的监测网中某点的坐标或高程差；Q 为监测网中某点的权系数。

当 $\Delta < 2\mu\sqrt{2Q}$ 成立时，认为被检验点是稳定的，否则认为该点有位移。

当2次观测的监测网单位方差无显著差别时，可采用 t 检验法，即先计算 t 检验的统计量：

$$t = \frac{\Delta}{2\mu\sqrt{2Q}} \tag{7.2}$$

式中，t 为 t 检验统计量。

然后，按显著水平 $\alpha=0.05$ 和 t 的自由度（r_1+r_2）查取 $t_{\alpha/2}$，当 $t<t_{\alpha/2}$ 时，认为被检验点无位移；否则认为该点位移显著。

观测资料的整理分析，依赖于现场观测所获得数据的数量和质量，同时，它又反过来指导和推动现场的观测工作更有效的进行，它是从实践到理论，再用理论指导实践的一个螺旋上升的过程。

只有通过观测资料的整理分析，才能达到监测尾矿库的目的。对资料不加整理分析，就失去了观测的意义。实践证明，我国很多矿山通过对尾矿库的观测资料整理分析，了解尾矿库的不同情况下的服务状态，获得了工程运行的规律，为保证尾矿库的安全服务提供了宝贵的第一手资料；同时为设计、施工、管理和科学研究提供了丰富翔实的基础资料。

7.4　拦挡坝的修筑

修筑拦挡坝可以降低尾矿库溃决后泥砂流的冲击力度，延缓到达时间，减缓、削弱尾矿库溃坝后泥砂流的冲击，保障人们的生命和财产安全。

拦挡坝作为尾矿库溃决后泥砂流治理的主要工程措施，其主要作用如下：（1）拦截、储存砂石，减少下泄流量，起到减轻坝下游泥砂流规模的调节作用。（2）由于泥砂流淤积在拦挡坝形成的库内，其形成的淤积比降小于原沟道纵坡，因而有减缓河床纵坡、减少沟床纵向侵蚀的作用；同时抬高上游河床，覆盖沟谷坡脚，有利于减少两岸或横向的重力侵蚀。（3）坝前淤满后，回淤坡将随来水来砂量的变化而变，坝前回淤量也随之增减变化，仍能起一定程度的调节和消减泥砂流规模的作用。

多数情况下将拦挡坝设置为具有导流效果的拦挡导流坝，这种形式的拦挡坝既可以拦截一定量的泥砂，减轻下游泥砂流的规模，又可以将泥砂流导流到危害相对较小的区域。

7.5　溃坝防灾预案

"凡事预则立，不预则废"充分展现了建立防灾预案的必要性。建立健全事故应急救援机制，主要还是为了确保尾矿库的安全，保证企业、社会及人民生命财产安全，最大限度减少事故发生或降低事故造成的损失，在第一时间有效控制险情的扩大。本着"统一指挥，分级负责，单位自救和社会救援相结合的原则"，依据《中华人民共和国生产法》《生产经营单位安全生产事故应急预案编制导则》《重大危险源辨识》等有关法律法规，制订尾矿库溃坝事故应急救援预案。应急预案一般包括尾矿库基本概况、主要事故源、应急救援指挥部的组成及职责分工、事故处理方法和程序，以及紧急撤离方案等内容。图7.2所示为比较常见的应急救援体系响应程序。防灾预案的具体内容要根据尾矿库具体的情况以及周围环境来制定，避免盲目效仿其他矿山的预案，并且要保证预案的实施和演练。总之，防灾预案制定的越完善、执行得越好，灾后的损失就会越小。

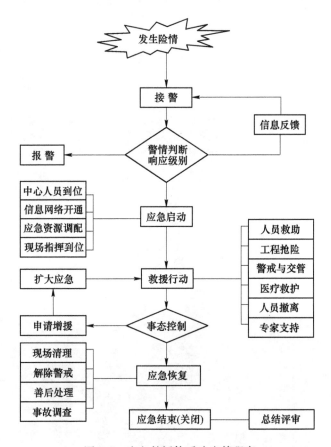

图7.2 应急救援体系响应等程序

7.6 本章小结

本章系统提出了尾矿库（坝）溃坝的一些预防措施，主要包括安全管理、安全监测、修筑拦挡设施和应急救援预案等措施。

参 考 文 献

［1］敬小非. 尾矿坝溃坝泥石流流动特性及灾害防护措施研究［D］. 重庆：重庆大学，2011.

［2］李辉. 尾矿库安全监测技术的探讨［J］. 现代矿业，2010，11 (11)：110~111.

［3］尹光志，魏作安，许江，等. 细粒尾矿及其堆坝稳定性分析［M］. 重庆：重庆大学出版社，2004.

［4］李愿. 秧田箐尾矿库稳定性分析与预测研究［D］. 重庆：重庆大学，2010.

8　尾矿库的风险控制

8.1　我国尾矿库的主要问题

在我国尾矿库重大事故时有发生，虽然各级政府、各矿山企业主管部门和矿山企业为加强尾矿库的安全做了大量工作，但是仍然存在很多问题亟待解决。重点矿山的尾矿库自启用以来，大都有程度不同有病害史，如坝体渗漏、坝坡渗水、暴雨冲刷、排水塔倒塌、排水涵管断裂、压力回水洞口爆裂以及地震灾害等。据初步统计，重点黑色冶金矿山尾矿库安全运行状况较好的约占70%，有一定问题和问题较多的约占30%。中国有色金属工业总公司直属企业的尾矿库状态正常的占52%，带病运行的占33%，超期服役的占9%，处于危险状况的占6%；化工部直属企业18个尾矿库中，正常运行的占61%，超期运行的占17%，病库占22%。从1995年劳动部和中国有色金属工业总公司共同组织的对有色系统部分矿山18个尾矿库的抽查情况分析看，问题还是很多的，有的非常严重。

许多地方中小型矿山，包括乡镇集体矿山的尾矿库，由于管理水平较低，尾矿设施先天不足，能达到安全运行标准的更少。

造成我国尾矿库安全问题的主要原因，归纳起来有以下几点：

（1）设计不规范。我国有相当一批尾矿库是20世纪六七十年代建造的，当时国家还没有颁发正式的尾矿设施设计规范，加之"文化大革命"特定环境的影响，设计中的问题很多。还有一种情况是，改革开放以来，地方矿山如雨后春笋般建立起来，特别是乡镇集体和个体矿山企业的尾矿库根本没有正规设计。

（2）勘察不规范。有的矿山企业片面强调节约资金，在尾矿库设计之前不做必要的地质勘察，在尾矿坝建成后，发生初期坝坝基透水或库内发生落水洞和跑水等事故。

（3）工程质量问题。有些矿山企业在尾矿库建设中以承包代替管理，忽视建设质量，对建设工程的质量监督流于形式，使得尾矿坝的隐蔽工程存在严重问题，有的坝体刚刚建成，就不得不投入大量资金重新加固。

（4）建设不遵守程序。有些矿山企业片面理解当前的改革政策，各取所需，不遵守国家规定的有关矿山建设的设计审查和竣工验收程序，有的设计单位没有取得相应的设计资格，有的设计没有经过审查和批准，有的建成投产后，长期不申请验收。特别是在设计和验收中不征求安全生产监督管理部门的意见。

（5）管理工作弱化。一些矿山企业视尾矿库为矿山的包袱，认为投入越多，企业效益越差，在管理上存在侥幸心理和短期行为，不严格执行规程、规范，发现问题不及时处理以至酿成重大事故。管理机构不健全，人员素质不高，企业规章制度不完备。企业内部对尾矿库的安全检查流于形式。

（6）外界干扰严重。由于在经济体制改革和经济发展过程中，必然会经历法规制度不适应或不健全的过程，地方利益和国家利益存在统筹兼顾的问题，一些地方群众法制观念不强，个体和集体矿山企业到国家重点矿山尾矿库附近非法越界开采，有的在坝区采石放炮，有的在库下开采，有的偷抢尾砂，对尾矿库的安全构成极大的威胁。

确保尾矿库安全可靠，需要注意以下几点：

（1）尾矿库应有必要有防洪设施。尾矿库内不只寄存有尾矿浆带来的水，并且尾矿库汇水面积内的水都会以地表径流的途径进入尾矿库。在规划尾矿库时，应按规划规范计算洪水量。为了防止意外情况，因为洪水时节地表径流水量大，还应构筑截流水沟，把一部分地表径流在上游截出库外。在一些老尾矿库，可沿尾矿库的纵坡方向建筑一些排水井，井井相连，并通过井下排水管或排水沟把剩余的澄清水排往库外。尾矿堆到一定高度时则应从尾矿坝端向上游顺次关闭已经完成任务的排水井。在规划和施工这种排水设备时，应充分考虑排水管道体系接受的堆积尾矿的压力，以防排水体系被压垮，避免造成全部排水体系报废。

（2）保证子坝的安稳性。不管采用哪种筑坝办法，均有必要对堆筑子坝的尾矿的粒度组成按试验效果严加操控。生产实践证明，小于 $37\mu m$ 的细粒级尾矿所占份额过高时，将会影响子坝的安稳性。

（3）尾矿坝要有一定的安全高度。尾矿库在出产过程中，尾矿坝的高度要高出实际排放在库内的尾矿堆积面 $1\sim2m$ 以上，这样才能保证尾矿坝的安全。尾矿堆积面的高度与尾矿坝的坝顶高度相差无几，这是风险要素，一场暴雨也许会使尾矿溢出坝顶，特别是利用尾矿堆筑子坝阶段更要保证安全高度。

（4）尾矿坝应该是透水坝。尾矿库中的水不断地通过坝体（坝墙）排走一部分，因而排水线以下的坝体均含水或被水潮湿，一般称这一排水线为潮湿曲线。潮湿曲线愈低，坝愈安稳。假如潮湿曲线已增加到最高一层子坝的坝顶，阐明尾矿水已淹没到子坝的顶部，尾矿坝已是被水浸泡的砂堆，则坝体随时可能崩塌。为了保证坝体的安全，尾矿浆的排放应从坝顶均匀地向库内上游方向排放，把尾矿水尽量往库内压，使坝的内坡离积存尾矿水的方位有适当的间隔。尾矿库的纵坡长度一般以 $50\sim120m$ 为宜，对小型尾矿库可相应变短，这段干坡（即表面无积水）的长度应与潮湿曲线的高度成反比。

8.2　尾矿坝安全监测的必要性

近年来，随着尾矿坝服务年限的增长、监测监控设备的不完备与技术落后，以及专业监测人员的缺乏等，导致大多数尾矿坝处于无监控状态。而对于少数有监控的尾矿坝来说，基本上也是采用尾矿坝最早期的人工安全监测手段，通过定期或不定期的观测来获得有限的库水位、浸润线、干滩长度等指标的观测数据，不仅造成数据的误差相对较大、不准确，而且对于部分指标（如坝体内部变形位移等）根本无法进行人工观测。该方法不仅工作量大，受气候、人员和现场条件等因素的限制，而且存在难以及时掌握坝体各项监测指标动态变化的缺点，势必会对尾矿坝的安全生产和运行造成影响。

频繁出现的溃坝事故，使人们在接受惨痛教训的同时也逐渐意识到必须对尾矿坝启动安全监测项目，对坝体的变形、渗流、应力应变等进行连续且全面的监测[1]，并对实测数据进行及时处理和分析，在此基础上实现尾矿坝风险模态的判定。

尾矿坝安全监测是指利用现代电子、信息、通信及计算机等技术，对坝体的库水位、浸润线、干滩长度、坝体位移、视频图像等进行自动、连续采集、传输、管理及分析的技术。尾矿坝安全监测技术的实施不仅可为矿山企业的正常生产及矿区人民的生命、财产等提供安全保障，而且随着监测技术的不断实施和完善，还可为坝体风险预警能力大幅度提高、坝体监管水平提升，坝体风险综合评判方法的建立等提供便利条件。

2010年国家安全监管总局监管一司就明确表示，在金属与非金属矿山企业中，大力推广先进的适用技术和装备，以提高矿山企业的机械化、自动化水平；并要求三等或三等以上的尾矿坝必须实现安全监测。可见，实现尾矿坝的安全监测势在必行。

下面从5个监测指标说明尾矿坝安全监测技术的优势：

（1）可实现库水位的实时跟踪采集、自动化存储等，可以及时发出预警信号，并绘制库水位的历史曲线图，以便对任意时间内的库水位进行统计和分析等。

（2）可实现对指定监测点任意时间段内的浸润线的监测、绘制及分析等，克服人工观测法受人为、天气等外界因素的影响很大，难以及时获取信息的缺点。

（3）可实现干滩长度的移动实时监测，具有简便、精度高、利于位置变化等优点。而传统测量方法一般是根据事先埋设的地标目测或人工现场测量，人工消耗量大，不能连续监测，对人员也存在较大的安全隐患。

（4）可实现坝体变形状态的实时监测，以便管理人员及时对其采取相应措施。特别是突变情况下，可以尽早发现问题，及时通知相关人员，有效控制和预防溃坝事故的发生。而人工观测法一般依据《尾矿库安全技术规程》要求，每年对坝体位移观测的次数不少于4次，且大多数仅测量4次，无法实时掌握坝体的变形情况。

（5）可实现利用视频监控设备对尾矿坝的整体运行状况和坝面的变形情况进行监控，通过现场摄像和信息传输，使工作人员可以清晰地观察坝内的生产运行、放矿及筑坝等情况。视频监控装置一般设在坝体、滩顶放矿处、坝体下游坡等重要部位，且可作为尾矿坝现场调度管理的有效手段。该方法可克服人工日常巡检危险性大、工作量大等缺点。

尾矿坝安全监测技术的主要作用包括以下几个方面：

（1）有利于揭示各监测指标信息的变化规律和形成机理，确保坝体的安全运行。由于坝体的动态变化性、相关设施及周围环境等因素随时间不断变化，所以坝体的风险模态也在相应变化。对坝体的安全监测信息及坝体结构等进行分析、表征及模拟，不仅可以揭示各监测指标的变化规律及各变化的原因，而且为了及时发现隐患、确保坝体安全提供依据。

（2）有利于完善和指导坝体的设计与施工，确保坝体本身的发展。由于尾矿坝的工作条件复杂，相关荷载、计算模型及有关参数的确定具有一定的近似性，因而现有的设计水平并不能与实际工程完全吻合。因此，对坝体的安全监测信息进行深入分析和反复演化，不仅可及时掌握坝体的工作性态，还能根据坝体的设计、施工的方案等对在建或拟建的尾矿坝提出相关意见，从而起到检验和优化设计、指导施工的目的。

（3）有利于提高坝体运行的综合效益。通过对坝体安全监测信息的分析，可及时发现问题，并采取相应措施，从而确保或延长坝体的使用寿命，提高坝体的综合效益。

可见，加强尾矿坝的安全监测及对相关问题的研究，对于确保坝体的安全、完善坝体的设计与施工、提供矿山企业的运行管理及决策依据等都有非常重要的意义。

8.3　尾矿坝溃坝后的应急处置的方法

在尾矿库发生破坏时，需要对尾矿进行及时处理从而降低尾矿对环境的影响。即使及时处理，尾矿对周围环境破坏也是长期性的，对其周围居民的生命安全和财产安全有着极大的影响。在保证矿山合理开发的同时，必须确保尾矿坝的合理建立和安全运行。

补救尾矿坝故障通常有以下几种常用的方法。

（1）建造障碍物，来容纳尾矿坝泄漏的污染物，并阻止污染物进一步扩散。如1998年 Aznalcollar 溃坝事故造成的尾矿和酸性水泛滥，被位于多南那国家公园旁的围墙阻挡，该围墙是为保护公园修建的，该公园是欧洲最大的鸟类保护区，也是联合国教科文组织确定的生物圈保护区。

（2）添加化学药品到受到污染物影响的土壤中，来降低污染物的迁移率或中和酸性或碱性污染液体。如2010年的阿伊凯溃坝后，匈牙利当地政府利用石膏处理泄漏的红泥，通过发生化学反应降低土壤的 pH 值，吸收污染物或与污染物一起沉淀，对于吸附砷、铬、锰的效果尤其明显[2]。石膏中的钙离子可以置换黏土矿物中的钠离子，来改善土壤结构。

（3）最常见补救措施是将溢出的尾矿从受灾地区重新储存到规定区域。如1998年 Aznalcollar 溃坝事故造成的尾矿和酸性水分成两个阶段将其放置到规定的露天矿山。后期实验表明，尾矿的移除有利于当地生态环境的恢复。湖南郴州的铅锌矿山的尾矿坝倒塌，部分河漫滩平原的尾矿被立即清理并转移，有学者在 17 年后测量事故所在地农作物种的重金属含量，实验表明，重金属含量远远超过国家标准值，不能使用，对当地的经济和生存条件造成严重影响。

8.4 我国尾矿管理制度

中国尾矿监管已形成法律、行政法规、部门规章、地方法规等一系列较为完整的法律体系（见表 8.1）。长期以来，中国尾矿库建设、运行、关闭等环节管理较为复杂，监管涉及应急管理、生态环境和自然资源等多个部门。各部门管理规章的出台，从自身管理角度理清了承担尾矿库监督管理的职权范围，建立了一个较为完整的尾矿监督管理体系；但不同管理部门各自为政的模式也使管理体制存在交叉和重叠，综合管理、分部门管理、分级管理并存的问题比较突出。当前中国尾矿库全周期管理路线如图 8.1 所示。

表 8.1 中国尾矿监管法律体系

体系	应急管理	生态环境	自然资源
法律	《中华人民共和国安全生产法》 《中华人民共和国矿山安全法》	《中华人民共和国环境保护法》 《中华人民共和国固体废物污染环境防治法》	《中华人民共和国矿产资源法》 《中华人民共和国土地管理法》
行政法规	《安全生产许可证条例》	《建设项目环境保护条例》	《土地复垦条例》
部门规章	《尾矿库安全监督管理规定》 《非煤矿矿山企业安全生产许可证实施办法》 《中华人民共和国矿山安全法实施条例》	《防治尾矿污染环境保护规定》 《企业事业单位突发环境事件应急预案备案管理办法》 《突发环境事件应急管理办法》	《矿山地质环境保护规定土地复垦条例实施办法》
标准	《尾矿设施设计规范》 《尾矿库安全技术规程》 《尾矿设施施工及验收规范》 《磷石膏库安全技术规程》 《尾矿库安全监测技术规范》 《尾矿库在线安全监测系统工程技术规范》 《金属非金属矿山安全标准化规范尾矿库实施指南》	《一般工业固体废物贮存、处置场污染控制标准》 《矿山生态环境保护与恢复治理技术规范》 《矿山生态环境保护与恢复治理方案（规划）编制规范（试行）》 《尾矿库环境风险评估导则（试行）》 《黄金行业氰渣污染控制技术规范》	《矿山地质环境保护与恢复治理方案编制规范》 《非金属矿行业绿色矿山建设规范》 《化工行业绿色矿山建设规范》 《黄金行业绿色矿山建设规范》 《冶金行业绿色矿山建设规范》 《有色金属行业绿色矿山建设规范》

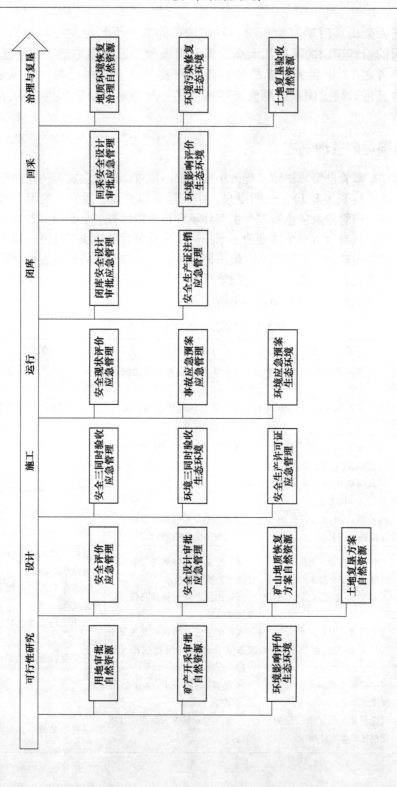

图 8.1　中国尾矿库全周期管理路线

当前中国尾矿的综合利用能力明显不足，尾矿管理重点仍为尾矿库安全和环境管理，缺乏尾矿综合利用的促进政策和管理法规，新修订的《中华人民共和国固体废物污染环境防治法》增加了鼓励采取先进工艺对尾矿综合利用的内容，从顶层设计上进一步强调了尾矿综合利用，旨在从制度上推进相关政策法规的制定与落实。《中华人民共和国固体废物污染环境防治法》沿用了 2016 年修正的关于对矿山固体废物设施封场的要求，尾矿库闭库管理主管机关为应急管理部门，负责闭库的设计审批和验收审批。环境管理法规中，《防治尾矿污染环境管理规定》制定年代较为久远，所针对的问题、形势和任务都发生了很大变化，尚未删去关闭尾矿设施由生态环境部门验收审批的要求，该规定在一定程度上已不能适应当前管理需求；同时，相关技术规范对闭库设计中周边环境整治、闭库后管理要求等内容缺乏具体要求，这部分内容仍待完善。

近年来，随着生态文明建设的理念变迁及发展，以《中华人民共和国环境保护法》《中华人民共和国水污染防治法》等为代表的环境管理法律法规陆续修订，国家环境立法基本理念、制度体系和监管措施发生调整变化，建立了生态文明、环境污染损害担责和公众参与环境保护的新管理理念。《关于全面加强生态环境保护坚决打好污染防治攻坚战的意见》《关于加强涉重金属行业污染防控的意见》、《关于加强长江经济带尾矿库污染防治的指导意见》等国家专项行动对尾矿污染防治工作提出了更高要求。2020 年，《中华人民共和国固体废物污染环境防治法》修订完成，对固体废物的污染防治提出了新的要求。尾矿作为一般工业固体废物中产生量和储存量最大的种类，存在突出的生态环境问题，已成为当前固体废物管理领域不可忽视的治理短板。

新修订的《中华人民共和国固体废物污染环境防治法》于 2020 年第十三届全国人民代表大会常务委员会第十七次会议表决通过，对矿山企业的尾矿管理提出了减少产生量和储存量、鼓励开展尾矿综合利用及加强尾矿设施封场管理的要求。笔者针对完善环境管理法规体系，落实尾矿减量化、资源化以及管控尾矿环境风险提出如下对策建议。

（1）打牢基础，完善尾矿环境管理法规标准体系。加快修订《防治尾矿污染环境保护规定》，以风险防控为核心，明确尾矿污染防治管理职责范围，明确尾矿环境管理责任分工，衔接上位法律法规要求，细化现有尾矿管理内容，完善相关技术规范，建立健全尾矿全过程污染防治环境管理和环境风险应急管理体系。建立标准化体系与业务化平台，明晰生态环境风险和安全风险边界。逐步形成全链条的环境风险管理技术标准体系，逐步建立尾矿库业务化环境监管平台，逐步开展分级分类监管，提升预报、预警、管控和应急能力。

（2）升级工艺，落实尾矿的减量化。尾矿环境管理应当衔接新修订的《中华人民共和国固体废物污染环境防治法》的有关要求，从源头减少尾矿产生，贯彻落实"减量化、资源化、无害化"的固体废物管理原则。加大研发投入，开发先进的、环境友好的采选技术，提高矿产品位，同时降低尾矿废石等矿山固体废物的产生；鼓励开展尾矿库回采再利用，充分挖掘现有尾矿库中的矿产潜力，加强因选矿能力不足未选储存的金属资源再利用。

（3）创新技术，推动尾矿的资源化。鼓励尾矿综合利用，大力推广以胶结充填、膏体充填等为代表的尾矿充填、回填技术，加强充填技术的科技研发；转变尾矿管理理念，由地上储存向地下充填发展[3]，同时加强对地下充填环境影响评估的技术研究[4]，确保尾矿潜在环境污染风险隐患可控。加强对综合利用的政策鼓励，鼓励矿山企业优先综合利用尾矿，组建专门从事尾矿综合利用的产业化产业集团或技术公司，形成产业化链条，制定优惠的投资政策和投资机制保障尾矿综合利用与治理的资金来源。

（4）加强监管，管控尾矿环境风险。严格新建尾矿库环境准入，完善尾矿建设项目环评、环保设计、依法验收要求等。完善环境监测、预警和应急体系，加强地表水水质监测、土壤监测和舆情跟踪，构建"地表水—土壤—地下水"立体的污染风险防控技术体系，整体系统地统筹尾矿库的环境污染防控与治理。将尾矿库纳入全国土壤污染状况普查范围，持续动态更新，动态管理。加强尾矿库及所在企业的日常环境执法与监管，逐步开展排查治理尾矿库环境隐患，提高区域流域环境风险防控能力[5]。探索闭库管理和技术要求，完善周边环境整治闭库后治理内容。对历史遗留尾矿库，加强财税和金融支持，形成多部门合力，依法优先开展生态保护红线内尾矿库的环境退出治理。

8.5　本章小结

本章总结梳理了我国尾矿库的主要问题，对尾矿坝安全监测的必要性进行了分析和论述，介绍了尾矿坝溃坝后的应急处置的方法，从落实新修订的《中华人民共和国固体废物污染环境防治法》的角度提出了加强尾矿环境管理的展望。

尾矿坝作为矿山企业最重要的危险源，其严重威胁着各个国家的经济发展和社会稳定。而加强尾矿坝的安全监测及相关问题的研究，对于确保坝体的安全及其运行等都有至关重要的作用。

参 考 文 献

[1] 王秀锐. 水电工程安全监测数据采集系统的设计与实现 [D]. 北京：华北电力大学，2012.

[2] Renforth P, Mayes W M, Jarvis A P, et al. Contaminant mobility and carbon sequestration downstream of the Ajka (Hungary) red mud spill: The effects of gypsum dosing [J]. Science of

the Total Environment, 2012, 421~422: 253~259.

[3] 孙延统. 露天转地下矿山对于充填采矿技术的应用 [J]. 中国金属通报, 2019 (2): 37~38.

[4] 龙文江, 邱跃琴, 杨馨, 等. 防止磷尾矿充填体污染地下水资源的研究 [J]. 非金属矿, 2020, 43 (1): 1~5.

[5] 王金南, 曹国志, 曹东, 等. 国家环境风险防控与管理体系框架构建 [J]. 中国环境科学, 2013, 33 (1): 186~191.

9 结论、建议和展望

9.1 结论

本书主要利用大型商用数值软件 ABAQUS 建立三维模型，对云南省楚雄州大姚县鱼祖乍尾矿坝的稳定性进行分析，包括降雨入渗（流固耦合）条件下不同坝高的尾矿坝渗流场的分析；同时，对两种坝高下的坝体地震响应进行了分析，获得了尾矿坝的地震响应特性；还提出了尾矿库溃坝的综合预防措施。取得的主要结论如下。

（1）按照上游法堆坝工艺产生的尾矿颗粒组成，通过人工配制样，对上游法堆坝的尾矿进行了系统的动静力学试验研究。试验结果表明：

1）尾矿颗粒越粗，渗透系数和内摩擦角 φ 也越大。旋流分级后的粗、细尾矿的渗透性均比全尾矿的要好，说明对尾矿进行分选后，可改变其渗透性，有利于尾矿坝的稳定。

2）动三轴试验结果表明，尾矿砂粗粒含量对动应变和动压的影响十分显著，粗粒含量与动强度呈正相关性，随着尾矿粗粒含量的增加，其动强度总体上呈增大趋势；动应力对尾矿的动强度影响较大，随动应力幅的增加，相同振次下的动应变加大，即施加的动荷载幅值越大，达到同一应变所需的振动次数就愈少；固结压力与动强度呈正相关性，动强度随着固结压力的增加而增大，但固结比 K_c 对动强度的影响不是单一的增大和减小。尾矿孔隙水压力在地震荷载作用下变化特征差异也较大，一般不宜采用统一的、确定的函数形式对其进行拟合。

（2）在考虑降雨入渗分析时，在长时间（三天）降雨后，对坝体整体位移影响不大，坝体塑性应变主要出现初期坝，但数值很小，不会给坝体的稳定性造成不利影响。

（3）在对尾矿坝的渗流场分析中，现状坝高下，干滩面长度为 100m 时，浸润线会从坝坡溢出，坝体局部范围发生软化，可能造成坝体发生渗透破坏。设计的最终坝高下，当干滩面长度为 300m 时，浸润线会从局部坝坡溢出；当干滩面长度为 100m 时，坝体浸润线埋深很浅，且大范围溢出坝坡面，一旦出现这种情况，尾矿坝十分危险，随时都有可能发生溃坝破坏。

（4）在对尾矿坝的渗流场分析中，计算结果显示，同一坝高下孔压值与干滩面的长度成反比，即干滩面越长，孔压分布值越小；另外，浸润面的埋深与干滩面长度成正比，与库内水位成反比，即干滩面越长，库内水位越低，坝体浸润面埋深越大。

（5）按照抗震设防烈度为 7 度，设计分组为第二组，地震加速度值为 0.10g 的标准考虑，通过数值分析方法对鱼祖乍尾矿库、在当前坝高和最终坝高下进行了地震作用下的动力响应分析，结果显示：

1）当前坝高下，坝体在地震作用下最大沉降为 0.465m，最大沉降区处于坝顶附近；坝体最大垂直应力为 1565kPa，主要分布库区底部；而坝体最大剪应力值为 158kPa，分布于初期坝顶部，这是由于初期坝的材料力学性质与尾矿的差异造成的。

最终坝高下，坝体最大沉降 0.13m，其值小于当前状态下坝体的位移沉降量；坝体的水平位移比垂直位移大，最大值达 0.76m，最小值为 0.32m。地应力最大值为 699kPa，最小应力几乎为零，主要存在于坝坡。坝体垂直应力分布随着高度的增加而减小，最大垂直应力为 1586kPa，位于坝体底部；但在坝坡出现拉应力，其值为 44kPa。

2）当前坝高下，坝体等效塑性应变主要出现在初期坝处；塑性变形始于初期坝内坡，并向外坡逐步减弱。地震作用后坝体屈服区主要出现在初期坝，与等效塑性应变结果相符。

设计最终坝高下，坝体的等效塑性应变只在初期坝外坡底部附近的碎石填土中少量出现，其余部位的塑性应变值很小，最小值为 2.2×10^{-16}。坝体主要的屈服区分布在初期坝外坡以及坝顶附近，其余范围很少。

3）当前坝高下，坝体顶部地震响应的加速度反应最大值为 0.6g，初期坝顶的加速度反应最大值为 0.3g，可以看出，地震反应最大值随着坝体高度的增加而增大，即坝高越高，受震强度越大，反之，受震强度则越小；另外，坝体高度越高，对应的地震响应曲线越稀疏，反之，地震曲线则越密集。

（6）通过强度折减法和极限平衡法，获得尾矿坝在当前高度下的稳定系数为 1.24，略小于规范值 1.25，不满足规范要求，需要采取措施加固坝体。根据上述分析结果，在坝坡底部采用碎石贴坡的方法加固坝体，加固后，坝体的稳定系数为 1.42，坝体的稳定性明显提高。

（7）提出了尾矿库溃决方面的综合防护措施，将安全管理、安全监测、修筑拦挡设施和应急救援预案四个方面结合在一起共同应用在溃坝防护上面。

（8）总结梳理了我国尾矿库的主要问题，对尾矿坝安全监测的必要性进行了分析和论述，介绍了尾矿坝溃坝后的应急处置的方法，从落实新修订的《中华人民共和国固体废物污染环境防治法》的角度提出了加强尾矿环境管理的建议及展望。

9.2 建议

（1）首先应该加强尾矿库的安全管理工作，预防为主，按照设计要求和操作规范排放尾矿。雨季到来前做好库区防洪工作，准备充足的防洪物资，将库内水位降到最低，以确保尾矿库安全度汛。

（2）建立完善的尾矿库安全监测系统，加强尾矿库（坝）监测工作。加强尾矿库监测数据的采集、分析工作，并以此为基础，进行尾矿库溃坝灾害方面的预测与预报工作。

（3）在尾矿库设计与施工中，除了考虑库区防排洪措施外，尽可能采取一些排渗措施，如坝底排渗工程、坝体排渗工程。一方面降低坝体的浸润线；另一方面加速坝体中尾矿的固结，提高尾矿的强度，也可减小地震作用下尾矿液化的概率，增强尾矿坝的抗震性能，确保尾矿库在运营过程和闭库后的安全。

（4）制定尾矿库溃坝防灾减灾安全预案。科学制定尾矿库溃坝应急预案，在预案中要明确指出撤离路线，撤离高度建议在100m以上，并且要撤往的暂住处一定要保证交通的方便畅通。让矿工和周围村民都进行认真学习，并定期进行应急预案的演习演练，做到一旦发生溃坝，第一时间内拉响警报，使每个人都按照预定逃生路线安全撤离。

9.3 展望

本书对鱼祖乍尾矿库尾矿坝的稳定性进行分析，其中包括尾矿坝的降雨入渗分析、坝体渗流分析以及坝体地震响应分析等。由于尾矿坝的稳定性分析是一个复杂的研究课题，有些方面还有待做进一步研究：

（1）尽管在模拟计算中采用了三维计算模型，以四个特征面为基础建立的三维模型尽管可以反映坝体关键部位的有关结果，但并不是实际尾矿坝模型，仿真度上还有一定的差距，尤其是尾矿坝堆积过程的分层效应还有待进一步研究。

（2）另外，在模拟降雨入渗中只考虑了一种雨型，现实中的降雨是很复杂的，所以，针对这方面的问题亦值得进一步研究。

（3）在实际的尾矿坝上具有很多类型的排渗设施，但在计算模型中并没有对其进行单独的建模，只是通过改变材料渗透系数来等效相关的排渗设施，这样可能会与实际情况有些出入，需要通过现场来检验结果的真实程度。